权威推荐

U0208887

高效池塘养鱼技术

陈宁宁　杨芹芹　编著

本书内容丰富，层次分明，通俗易懂，
能很好地提升池塘高效养鱼的生态效益、经济效益
和社会效益面，对广大农村
池塘养殖生产者和水产养殖技术人员有很好的指导作用。

河北科学技术出版社

图书在版编目(CIP)数据

高效池塘养鱼技术 / 陈宁宁, 杨芹芹编著. -- 石家
庄：河北科学技术出版社, 2013.12(2024.4 重印)
ISBN 978-7-5375-6542-4

Ⅰ. ①高… Ⅱ. ①陈… ②杨… Ⅲ. ①池塘养鱼
Ⅳ. ①S964.3

中国版本图书馆 CIP 数据核字(2013)第 268988 号

高效池塘养鱼技术

陈宁宁　杨芹芹　编著

出版发行	河北科学技术出版社	
地　　址	石家庄市友谊北大街 330 号(邮编:050061)	
印　　刷	三河市南阳印刷有限公司	
开　　本	910×1280　1/32	
印　　张	7	
字　　数	140 千	
版　　次	2014 年 2 月第 1 版	
	2024 年 4 月第 2 次印刷	
定　　价	49.80 元	

Preface ☞ 序

　　推进社会主义新农村建设，是统筹城乡发展、构建和谐社会的重要部署，是加强农业生产、繁荣农村经济、富裕农民的重大举措。

　　那么，如何推进社会主义新农村建设？科技兴农是关键。现阶段，随着市场经济的发展和党的各项惠农政策的实施，广大农民的科技意识进一步增强，农民学科技、用科技的积极性空前高涨，科技致富已经成为我国农村发展的一种必然趋势。

　　当前科技发展日新月异，各项技术发展均取得了一定成绩，但因为技术复杂，又缺少管理人才和资金的投入等因素，致使许多农民朋友未能很好地掌握利用各种资源和技术，针对这种现状，多名专家精心编写了这套系列图书，为农民朋友们提供科学、先进、全面、实用、简易的致富新技术，让他们一看就懂，一学就会。

　　本系列图书内容丰富、技术先进，着重介绍了种植、养殖、职业技能中的主要管理环节、关键性技术和经验方法。本系列图书贴近农业生产、贴近农村生活、贴近农民需要，全面、系统、分类阐述农业先进实用技术，是广大农民朋友脱贫致富的好帮手！

中国农业大学教授、农业规划科学研究所所长
设施农业研究中心主任　张天柱

2013年11月

Foreword ▸ 前言

　　农业是国民经济的基础，是国家稳定的基石。党中央和国务院一贯重视农业的发展，把农业放在经济工作的首位。而发展农业生产，繁荣农村经济，必须依靠科技进步。为此，我们编写了这套系列图书，帮助农民发家致富，为科技兴农再做贡献。

　　本系列图书涵盖了种植业、养殖业、加工和服务业，门类齐全，技术方法先进，专业知识权威，既有种植、养殖新技术，又有致富新门路、职业技能训练等方方面面，科学性与实用性相结合，可操作性强，图文并茂，让农民朋友们轻轻松松地奔向致富路；同时培养造就有文化、懂技术、会经营的新型农民，增加农民收入，提升农民综合素质，推进社会主义新农村建设。

　　本系列图书的出版得到了中国农业产业经济发展协会高级顾问祁荣祥将军、中国农业大学教授、农业规划科学研究所所长、设施农业研究中心主任张天柱、中国农业大学动物科技学院教授、国家资深畜牧专家曹兵海、农业部课题专家组首席专家、内蒙古农业大学科技产业处处长张海明、山东农业大学林学院院长牟志美、中国农业大学副教授、团中央青农部农业专家张浩等有关领导、专家的热忱帮助，在此谨表谢意！

　　在本系列图书编写过程中，我们参考和引用了一些专家的文献资料，由于种种原因，未能与原作者取得联系，在此谨致深深的歉意。敬请原作者见到本书后及时与我们联系（联系邮箱：tengfeiwenhua@sina.com），以便我们按国家有关规定支付稿酬并赠送样书。

　　由于我们水平所限，书中难免有不妥或错误之处，敬请读者朋友们指正！

编　者

CONTENTS

目 录

第一章 优质淡水鱼类养殖

第一节 鲤 鱼 ·························· 2

一、主要养殖种类 ·························· 3

二、人工繁殖 ·························· 5

三、苗种培育 ·························· 9

四、成鱼养殖 ·························· 14

第二节 鲫 鱼 ·························· 19

一、人工繁殖 ·························· 21

二、苗种培育 ·························· 31

三、成鱼养殖 ·························· 36

四、越冬保种 ·························· 40

第三节 鳜 鱼 ·························· 42

一、人工繁殖 ···················· 43

二、苗种培育 ···················· 46

三、池塘条件 ···················· 53

四、成鱼养殖 ···················· 55

五、饵料鱼及投喂 ·················· 58

第四节　河　豚 ···················· 61

一、人工繁殖 ···················· 62

二、苗种培育 ···················· 66

三、成鱼养殖 ···················· 77

第五节　鳗　鱼 ···················· 78

一、苗种培育 ···················· 80

二、鳗种放养 ···················· 84

三、饲料与投喂 ··················· 87

四、成鳗养殖管理 ·················· 90

第六节　鲟　鱼 ···················· 92

一、人工繁殖 ···················· 93

二、苗种培育 ···················· 99

三、成鱼养殖 ··················· 108

第七节　罗非鱼 ··················· 115

一、人工繁殖 ··················· 117

二、苗种培育 ··················· 121

三、成鱼养殖 ··················· 123

四、越冬管理 ··················· 129

第八节　加州鲈鱼 ·················· 133

一、人工繁殖 ··················· 134

二、苗种培育 ··················· 138

三、成鱼养殖 ··················· 142

第九节 淡水白鲳 ··· 149

一、人工繁殖 ··· 149

二、苗种培育 ··· 150

三、越冬保种 ··· 151

四、成鱼养殖 ··· 152

第二章 淡水鱼病的预防与治疗

第一节 草鱼出血病 ··· 157

一、病原 ··· 157

二、症状 ··· 158

三、诊断 ··· 159

四、预防措施 ··· 160

第二节 鳗鲡出血性开口病 ··································· 164

一、病原 ··· 164

二、症状 ··· 165

三、诊断 ··· 165

四、预防措施 ··· 165

第三节 鳜传染性脾肾坏死病 ································· 166

一、病原 ··· 166

二、症状 ··· 166

三、诊断 ··· 167

四、预防措施 ··· 168

第四节 传染性胰脏坏死病 ··································· 169

一、病原 ··· 169

二、症状 ··· 169

三、诊断 ……………………………………………… 170

四、预防措施 …………………………………………… 172

第五节 传染性造血器官坏死病 …………………… 173

一、病原 ………………………………………………… 173

二、症状 ………………………………………………… 174

三、诊断 ………………………………………………… 174

四、预防措施 …………………………………………… 175

第六节 鳗鲡狂游病 ………………………………… 177

一、病原 ………………………………………………… 177

二、症状 ………………………………………………… 178

三、诊断 ………………………………………………… 178

四、预防措施 …………………………………………… 179

第七节 鱼痘疮病 …………………………………… 180

一、病原 ………………………………………………… 180

二、症状 ………………………………………………… 181

三、诊断 ………………………………………………… 181

四、预防措施 …………………………………………… 181

第八节 小瓜虫病 …………………………………… 183

一、病原 ………………………………………………… 183

二、症状 ………………………………………………… 183

三、防治方法 …………………………………………… 184

第九节 双线绦虫病 ………………………………… 185

一、病原 ………………………………………………… 185

二、症状 ………………………………………………… 185

第十节 五爪虫病 …………………………………… 186

一、病原 ………………………………………………… 186

二、症状 ………………………………………………… 186

三、治疗方法 ·· 186

第十一节　肤霉病 ·· 187

一、病原 ·· 187

二、症状 ·· 187

三、治疗方法 ·· 188

第三章　淡水鱼类甲壳动物病及钩介幼虫病的防治

第一节　中华鳋病 ·· 191

一、病原 ·· 191

二、症状 ·· 192

三、诊断 ·· 193

四、预防措施 ·· 193

第二节　新鳋病 ·· 194

一、病原 ·· 194

二、症状、诊断、预防措施 ·································· 194

第三节　巨角鳋病 ·· 195

一、病原 ·· 195

二、症状 ·· 195

三、诊断及预防措施 ·· 195

第四节　锚头鳋病 ·· 196

一、病原 ·· 196

二、症状 ·· 198

三、诊断 ·· 198

四、预防措施 ·· 199

第五节　拟马颈颚虱病 ···································· 200

一、病原 …………………………………… 200

二、症状 …………………………………… 200

三、诊断 …………………………………… 201

四、预防措施 ……………………………… 201

第六节 鳋 病 ……………………………… 202

一、病原 …………………………………… 202

二、症状 …………………………………… 204

三、诊断 …………………………………… 204

四、预防措施 ……………………………… 205

第七节 鱼怪病 …………………………… 206

一、病原 …………………………………… 206

二、症状 …………………………………… 208

三、诊断 …………………………………… 209

四、预防措施 ……………………………… 210

第八节 狭腹鳋病 ………………………… 211

一、病原 …………………………………… 211

二、症状 …………………………………… 212

三、诊断及预防措施 ……………………… 212

第九节 钩介幼虫病 ……………………… 213

一、病原 …………………………………… 213

二、症状 …………………………………… 213

三、诊断 …………………………………… 214

四、预防措施 ……………………………… 214

第一章
优质淡水鱼类养殖

第一节 鲤 鱼 >>>

鲤鱼（图1-1）是我国最主要的淡水养殖鱼类之一，分布相当广泛，自古以来就是人们喜欢的食用鱼，早在2500多年前就已成为养殖对象。鲤鱼具有重要的经济价值，不仅是池塘、网箱、稻田和水库的主要养殖对象，而且在天然水域养殖产量中占有很高的比重。1999年，我国鲤鱼养殖产量达205.08万吨，占淡水养殖总产量的14.4%，在淡水养殖品种中列第四位。鲤鱼约占北方池塘、网箱和水库产量的60%，南方池塘产量的20%。在天然水域养殖中，鲤鱼的产量占30%以上。

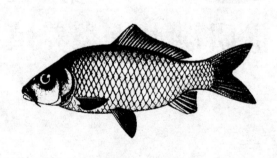

鲤鱼具有生长快、适应性好、抗病力强、适宜多种方式饲养等优点，鲤鱼养殖技术容易掌握、产量高、投入少、经济效益高，并以其较低的价位，占据广阔而

图1-1 鲤鱼

稳定的市场，渔民通过养殖鲤鱼，能实现增产增收。近年来，山东等省开展了活鲤鱼向韩国的出口活动，在一定程度上促进了我国鲤鱼养殖业的发展。

一、主要养殖种类

我国是鲤鱼品种（品系）最多、最集中的国家之一，其中许多种类都是我国特有的。我国重视鲤鱼的开发利用和遗传改良，并取得了丰硕的成果，获得了一批有用的鲤鱼品种（品系）和杂交种，从中选出高产优质种类在全国推广，产生了巨大的经济效益和社会效益。迄今经全国水产原种和良种审定委员会审定和公布，适宜推广的优良鲤鱼养殖品种（品系）和杂交种有荷包红鲤、兴国红鲤、建鲤、荷包红鲤抗寒品系、德国镜鲤选育系、丰鲤、荷元鲤、三杂交鲤、颖鲤、岳鲤、芙蓉鲤、德国镜鲤、散鳞镜鲤、松浦鲤和万安玻璃红鲤15个。

1. 野生种　各地各水系的野生鲤鱼，一般在当地都有一定的养殖规模。如元江鲤、华南鲤、黑龙江野鲤、湘江野鲤、黄河鲤、杞麓鲤和柏氏鲤等。它们有优良的遗传特性，是宝贵的种质资源，其中许多已成为育种亲本的原始材料。

2. 人工选育品种　通过对野生种（地方品种）的系统选育，获得了兴国红鲤、荷包红鲤、德国镜鲤选育系、万安玻璃红鲤和荷包红鲤抗寒品系等有实用价值的品种，作为养殖对象或者作为遗传改良和杂交的亲本。

（1）建鲤　以荷包红鲤与元江鲤杂交后代作为基础群，结合家系选育、系间杂交及雌核发育技术育成的遗传性状稳定的优良新品种。具有生长快、体形体色优、肉质肉味好、饲料转化率高、性温顺、易驯养、易捕、适应性好、抗病力强、适宜全国各地多种方式饲养等优点，明显优于国内现有鲤鱼和国外引进品种，能普遍增产30%以上。已推广苗种50亿尾，推广面积超过60万公顷，年产量达100万吨，约占全国鲤鱼养殖总产量的50%，是我国最主要的鲤

3

鱼养殖品种。

（2）松浦鲤 用常规育种和雌核发育技术相结合，通过黑龙江野鲤、荷包红鲤、德国镜鲤和散鳞镜鲤四个品种间的杂交、回交获得的具有抗寒力强、生长快的杂交、回交种，再通过雌核发育将杂种优势固定，然后系统选育形成的鲤鱼新品种。适合在北方寒冷地区养殖。

3. 杂交种 鲤鱼不同品种间杂交产生的具有明显的杂种优势，并已推广的杂交种主要有：丰鲤（兴国红鲤×散鳞镜鲤）、荷元鲤（荷包红鲤×元江鲤）、颖鲤（散鳞镜鲤×鲤鲫移核鱼第二代）、岳鲤（荷包红鲤×湘江野鲤）、三杂交鲤（荷元鲤×散鳞镜鲤）和芙蓉鲤（散鳞镜鲤×兴国红鲤）等。杂交鲤只能利用杂种当代，因为第二代难以保留其优良性状，所以需保留亲本，每年进行杂交制种。

养殖规模较大的杂交鲤主要有丰鲤、颖鲤和荷元鲤等。丰鲤生长速度快，鱼种阶段的生长速度为兴国红鲤的 1.5～1.62 倍、散鳞镜鲤的 2.4 倍。颖鲤具有三品系杂交的生长优势，当年个体增重平均比双亲快 47%，2 龄颖鲤个体增重平均比双亲快 60.1%。荷元鲤生长快、适应性强、病害少、起捕率较高，与亲本相比杂种优势明显。

4. 其他遗传改良种类 用四倍体种群繁殖的三倍体鲤鱼湘云鲤，具有生长速度快、肉质肉味好、抗病能力强等优点，已推广应用，受到养殖户欢迎。把生长激素基因导入鲤鱼的受精卵获得的比对照鱼生长快达 50% 的转基因鲤鱼，已完成实验室试验，并批准进行中试和环境释放试验。通过细胞核移植技术获得的鲤鲫核质杂种鱼，作为颖鲤的父本已成功应用于育种和生产实践。全雌鲤是雌核发育结合性逆转技术培育成的，生长速度比雄性个体和雌雄混合群体快。

5. 引进品种　我国先后从国外引进了苏联鳞鲤、散鳞镜鲤和德国镜鲤等，这些品种不仅是优良的养殖种类，而且具有遗传育种和杂交制种价值。

二、人工繁殖

(一) 亲鱼培育

亲鱼培育很重要，因为体质健壮、发育良好的亲鱼是繁育鲤鱼的物质基础。

1. 亲鱼培育池　面积以 2～3 亩为宜，水深 1.5～2 米。要求池底平坦，注排水方便，水质清新，底质有一定肥度。

2. 亲鱼放养　每亩放养鲤鱼亲鱼 100～120 千克（每尾 1 千克以上的亲鱼 100 尾左右），另外，搭养少量鲢、鳙、草、鲂等鱼类。雌、雄亲鱼最好分池饲养，如果混养，必须在亲鱼产卵前 1 个月左右将雌、雄鱼分开饲养。分塘时严格区分雌、雄鱼，以免混在一起出现早产和零星产卵现象。

3. 饲养管理　饲养鲤鱼亲鱼，需经常投饵、施肥，以投饵为主。常用的饲料有豆饼、菜饼、配合饲料、米糠、菜叶和螺蛳等。鲤鱼是杂食性鱼类，不要长期喂单一的饲料。投饵量为体重的 3%～5%，依季节不同适当增减。

(二) 产卵

鲤鱼的产卵季节，视水温而定，当水温上升到 16～18℃时开始

产卵。长江流域一般为 4～5 月。长江下游地区受春季寒流的影响较大，产出的鱼卵常受低温影响发生水霉和死亡，因此，应在水温较稳定时并池产卵。鲤鱼的产卵分为自然产卵和人工催情产卵。

1. 自然产卵　将亲鱼按照一定的雌、雄比例放入产卵池，让其自行交配产卵。

（1）产卵池准备　产卵池要求注排水方便，环境安静，阳光充足，水质清新。面积 2～3 亩，水深 0.7～1.2 米，使用前 10 天彻底清塘，池内和池面无杂草。

（2）鱼巢制备　鲤鱼产黏性卵。自然产卵必须有鱼巢，凡是细须多、柔软、不易发霉腐烂、无毒害的材料都可用来制作鱼巢。常用的材料有棕榈皮和柳树根等。用棕榈皮做鱼巢，要先剪去硬边皮，经清洗、扯松、消毒后使用，棕榈皮用煮沸的方法消毒。不能煮沸的材料用药水浸泡，如用浓度为 3% 的生石灰悬液浸泡 15 分钟，晾干备用。

（3）成熟亲鱼的选择　成熟亲鱼的雌鱼腹部膨大、柔软而富有弹性，肛门和生殖孔略红肿、突出。雄鱼腹部较小，胸、腹鳍和鳃盖较粗糙，有珠星，肛门生殖孔略凹下，轻压腹部有乳白色精液流出。亲鱼要求体质健壮，无病无伤。繁殖前，严格选择，做好记录。雌亲鱼 3 龄以上，雄亲鱼 2 龄以上。

（4）并池产卵　以上准备工作完成后，当天气晴朗、水温适宜时，将成熟的雌、雄鱼放入产卵池产卵，一般每亩放雌、雄亲鱼各 40～60 尾。

鲤鱼产卵的最盛时间是下半夜和早晨，鱼巢在鲤鱼发情产卵前放入产卵池。鱼巢可以用杆沿鱼池四周悬吊于水中，也可用杆扎成筏状，鱼巢固定在杆上，然后置于水面之下。鲤鱼产卵后，若鱼巢已布满鱼卵，应及时轻轻取出，转孵化池孵化。

亲鱼放入产卵池后，加注新水，有助于亲鱼发情产卵。如遇亲鱼不产卵或者产卵情况不好时，抽去大部分池水，使亲鱼略露出水面"晒背"，然后加注新水，往往能取得良好的效果。

2. 人工催情产卵　为了提高亲鱼产卵效果，获得成批健壮整齐的鱼苗，可采用人工催情的方法。

（1）催情药物和剂量　每千克雌鱼用促黄体素释放激素类似物（LRH－A 或者 LRH－A₃）10～20 微克，加绒毛膜促性腺激素（HCG）500～600 国际单位；或者每千克雌鱼用 LRH－A 或者 LRH－A₃10～20 微克，加鲤鱼脑垂体（PG）2～4 毫克配合使用。若单独使用鲤鱼脑垂体，每千克雌鱼用 4～6 毫克。雄鱼的用药量皆为雌鱼的一半。成熟很好的鱼可以不注射药物。

（2）注射的部位和时间　采用体腔注射，在胸鳍基部无鳞处，将针头朝鱼头方向与体轴成 40°～60°角插入 0.3～0.5 厘米，徐徐注入催产药液。注射后的亲鱼放入产卵池自行产卵。注射时间多在傍晚，控制鲤鱼在次日凌晨产卵。

（3）效应时间　亲鱼自注入催产剂到发情产卵这段时间为效应时间。水温 18～19℃，鲤鱼效应时间为 19～20 个小时；水温 20～21℃，16～18 个小时；22～23℃，14～16 个小时。

3. 人工授精　鱼卵流水孵化或者需要人工把受精卵黏附在鱼巢上，就要进行人工授精，人工授精能提高受精率。当接近效应时间时，检查雌鱼并压其腹部，若鱼卵能顺畅流出，即开始人工授精。鲤鱼通常采用干法人工授精，操作时擦干亲鱼身上的水，先在一个干净的瓷碗或者面盆内挤入少量精液，后挤入鱼卵，然后再挤入适量精液，用硬羽毛搅拌 2～3 分钟即可将鱼卵进行着巢或者脱黏。操作过程应避免阳光直射。

（1）鱼卵的着巢　把人工授精后的鱼卵，人为地黏附在鱼巢上的操作过程叫鱼卵的着巢。操作方法是：在一个大塑料盆或者瓷盆内，加入清洁的水，均匀铺放鱼巢。然后，一面缓缓地倒入受精卵，

一面用手翻动容器内的水,将落入水中的鱼卵打散开,使鱼卵均匀散落并粘在鱼巢上。

(2)鱼卵的脱黏 鱼卵的脱黏方法与着巢相似。不过,容器内放的不是清水,而是泥浆或者滑石粉溶液(100克滑石粉,20～30克食盐加清水10千克),当受精卵落入含有泥浆或者滑石粉的水中,被打散后,能在鱼卵表面粘一层细沙或者滑石粉,于是失去黏性而变得粒粒分开。脱黏后,洗去多余的泥浆或者滑石粉,放入孵化器孵化。

(三)孵化

鲤鱼的孵化有池塘孵化、淋水孵化和流水孵化等几种形式。自然产卵和人工授精后附着在鱼巢上的鱼卵,可采用池塘孵化或者淋水孵化。脱黏后的鱼卵,采用流水孵化。

1. 池塘孵化 通常鲤鱼的孵化池,又是鱼苗培育池。因此,孵化池既要符合鲤鱼孵化要求,又要兼顾鱼苗培育池所需要的条件。

孵化池面积以2～3亩为宜,要求水源清新。使用前必须严格彻底地清塘消毒,消除野杂鱼和敌害。生石灰清塘,每亩用块状生石灰50～75千克(池水深10～15厘米)。漂白粉清塘,每亩用1.5～2.5千克,溶解后全池泼洒。待药物毒性消失后,将带有鱼卵的鱼巢置于孵化池中,根据天气情况检查并调节鱼巢在水中的深度。一般每亩放鱼卵30万～40万粒,能孵化鱼苗15万～20万尾。

2. 淋水孵化 在室内搭架,将鱼巢均匀地悬挂在架上,或者在架上搭竹帘,将鱼巢均匀地平铺在竹帘上。

淋水孵化要求室内温度稳定,最好在20～25℃,淋水的水温要和室温差不多。经常淋水,始终保持鱼巢湿润,一般每30分钟至1小时淋水1次,鱼卵表面不能干燥。淋水3天左右,待胚胎出现眼点后,将鱼巢及时转入池塘继续孵化。

3. 流水孵化 脱黏处理后的鱼卵或者带卵的鱼巢,可进行流水孵化。孵化工具有孵化缸、孵化桶和孵化环道等。每立方米水体放鱼卵60万~80万粒。由于鲤鱼的鱼卵较小、吸水膨胀小、比重大，因而流速比孵化家鱼卵要大些，以见卵轻翻为宜，待鱼苗孵出后，应减小流速。

当鱼苗眼点明显，能平游时可出苗。出苗后经捆箱暂养几小时，喂食后才可下塘。

三、苗种培育

（一）鱼苗培育

1. 鱼苗池的选择和清整　与孵化池基本相同。鱼池在使用前要认真检查和整修，并彻底清塘消毒。清塘消毒是鱼苗培育的一项重要措施，不可疏忽。

2. 施基肥　鱼苗下池前3~5天，向池内加注新水50~70厘米（严防野杂鱼及有害生物进入池内），并施放基肥。通常每亩施发酵的畜粪200~400千克，加水稀释后均匀泼洒，也可施无毒的绿肥，堆放在池子的边角处。如需快速肥水，可使用无机肥料，一般每亩施用氨水5~10千克或者硫酸铵、硝酸铵等3.5~5千克。施基肥后，以水色逐渐变成浓淡适宜的茶褐色或者油绿色为好。孵化池兼作培育池的，在鱼苗孵出后，也要逐渐肥水。

3. 鱼苗放养　鱼苗的放养密度为15万~30万尾/亩。每个池塘放养的鱼苗，应该是同批繁殖的。放养前，用密网反复拉网彻底除去池塘中的蝌蚪、水生昆虫和杂鱼等有害生物。最好在池中插一个小网箱，放入少量鱼苗试水，证实池水无毒性时再放鱼苗。

4. 饲养管理　鱼苗除了靠摄食肥水培养的天然饵料生物外，还必须人工喂食。主要是泼洒豆浆，每天上午、下午各泼洒1~2次。

投喂量通常以面积计算，一般每天每亩用黄豆 3～4 千克，磨成豆浆 100 千克左右。1 周后增加到 4～5 千克，并在池边增喂豆饼糊。豆浆当天磨，当天喂。

随着鱼体的增长，为增加鱼体活动空间和池水的溶氧，应分次注水使鱼池水深逐渐由 50～70 厘米增加到 1～1.2 米。每天早晚坚持巡塘，严防泛塘和逃鱼，并注意鱼苗活动是否正常，有无病害发生，及时捞除蛙卵和杂物等。

5. 锻炼和分塘　鱼苗经过半个月左右的饲养，长到 1.7～2.6 厘米的乌仔时，即可进行出售或者分塘。出售或者分塘前要进行拉网锻炼，目的是增强鱼的体质，使其能经受操作和运输。锻炼的方法是选择晴天的上午 9 时以后拉网，把网拉到鱼池的另一头时，在网后近一池边插下网箱，箱的近网一端入水中，然后将网的一端搭入网箱，另一端逐步围拢，并缓缓收网，鱼即自由游入箱中，鱼在网箱内捆养几个小时后，即可放回池中。锻炼前，鱼要停食 1 天。操作时要细心，阴雨天或者鱼种浮头时不宜进行。

（二）鱼种培育

1. 大规格夏花鱼种的培育　鲤鱼苗培育成乌仔鱼种后，立即分塘稀养，在 15～20 天快速饲养成 5～6 厘米的大规格鱼种。通常与夏花鱼种培育差不多，只是在时间上抓紧、抓早，提早分养，规格较大。大规格夏花鱼种，用以池塘、网箱、围栏等各种成鱼养殖，当年能养成商品鱼。

（1）鱼种池的要求　鱼种池的选择和清整与鱼苗池基本相同，面积以 2～3 亩为宜，水深 1～2 米。使用前，要认真清整，彻底消毒。

（2）施基肥　放养鱼种前 5～7 天，一般每亩施腐熟的粪肥 300～400 千克，或者绿肥 240 千克，或者由 260 千克畜粪、300 千克绿肥和 5 千克生石灰堆制发酵的混合堆肥。

（3）鱼种放养 鱼种尽可能提早放养，以延长鱼种生长期。放养密度为 0.6 万～0.8 万尾/亩。一般单养鲤鱼，不混养其他鱼类。放养的鱼种要求体质健壮，规格整齐。

（4）饲养管理 下塘后的乌仔，因鱼体尚小，仍需喂几天豆浆。豆浆进行泼洒，豆渣投施池边，每天喂 2 次。几天后改喂豆饼糊，投在池边的固定位置，每天每万尾鱼 3～4 千克。在饲养过程中，鱼种还需摄食大量的大型浮游动物和底栖生物等天然饵料。因此，水质要保持一定肥度。除施基肥外，还要根据水质情况适当追肥，每次数量不宜太多。坚持早晚巡塘，精心饲养管理。

2.1 龄鱼种的培育 建鲤 1 龄鱼种的培育，是指鱼苗养成 3 厘米左右的夏花鱼种后分塘，养成冬片或者春片鱼种。

（1）鱼种放养 单养建鲤，每亩放养夏花鱼种 1 万尾左右。也可采用混养方式，以建鲤夏花为主，混养草、鲢、鳙等鱼种，每亩放养建鲤鱼种 0.6 万～0.7 万尾，草、鲢、鳙鱼种 0.3 万～0.4 万尾。

（2）鱼种培育池 1 龄鱼种培育池，面积 3～6 亩，水深 1.5～2 米为宜。鱼池清整消毒、施基肥、追肥及其他管理措施与鱼苗培育和大规格夏花鱼种的培育措施基本相同。

（3）饲养管理 建鲤是杂食性鱼类，除投喂精料外，菜叶、浮萍和底栖生物都是它们喜吃的食物。大暑前，鱼生长得快，要多投喂饲料；盛夏期间，投饲量要适当减少，并定期加注新水；秋分后，适当增加饲量，并多喂些豆饼、菜饼，以增强体质。不过，随着鱼体的不断长大，投喂充足的饲料和保持良好的水质显得更为重要。1 龄鱼种培育阶段历时数月，经历多种季节气候变化，应防止浮头泛塘和其他事故发生。

（4）并塘越冬 秋末冬初，水温降到 10℃左右，鱼已停止或者很少吃食。为了便于管理，要进行并塘，将鱼种蓄养在水较深、水质较肥的池塘里越冬。秋季越冬前加强培育，多投喂精料，是增强鱼的体质，保证鱼种安全越冬的物质基础。冬季越冬期间，我国南

方地区，在天气晴朗、水温较高时，建鲤还要吃食，应适当投些精料。在北方地区，冬季气温低，有的地方封冰期长达几个月，冰层厚度达几十厘米，越冬期间的管理，应特别采取破冰和增氧措施，防止鱼种窒息致死。

3. **鱼种质量的鉴别** 鉴别鱼种质量一般用肉眼观察。一看鱼种的外观，如果膘肥体壮、鳞片完整无伤、鱼体光泽鲜艳、规格整齐，就是质量好的鱼种；二看鱼种的活动，如果鱼种游动敏捷活泼、逆水性强，在网箱内常密集上风处顶游，则为质量好的鱼种，尤其是在底层的鱼种更好。

(三) 鲤鱼的运输

鲤鱼的运输方法很多，大批量的远途运输，以塑料袋充氧空运为好。

1. **运输的容器和工具** 常用的容器和工具有木桶、铁桶、塑料桶、鱼篓和帆布桶等。在我国南方地区，还习惯用活水船运输。长途运输，可采用塑料袋充氧空运或者活水车运输。无论使用何种容器，运输前都要仔细检查。木桶、铁桶、鱼篓和帆布桶的内壁要光滑，事先要装水试验，发现漏水要及时修补。帆布桶若是新的，必须先浸泡、清洗。使用塑料袋要逐个装水检查，发现裂缝和孔眼要修补或者淘汰。长途运输，要有备用的塑料袋，以便中途更换。运输的路线，换水、换气的中转地，休息的地点，事先都要勘察安排妥当。

2. **鱼苗、鱼种的运输** 购买鱼苗、鱼种时，要注意选择体质健壮、规格整齐、游动活泼、逆水能力强、没有损伤和病害、品种纯正的优质苗种。运输前一定要经过拉网锻炼，排除体内粪便，使其体质结实，适应密集的环境。浮在水面、离群独游、呆滞迟缓的不适于长途运输。死鱼要及时清除。运输方法常用以下几种：

(1) 用桶挑运 养鱼户用桶（木桶、铁桶）挑运鱼种，桶内可装 3/4 左右的水，每担挑运鱼苗 8 万～10 万尾；1.7～2 厘米长的乌仔 1 万尾左右；3.3～5 厘米的夏花鱼种 4000～5000 尾；6～8 厘米鱼种 600～700 尾；9～11.5 厘米鱼种 400～500 尾；13～16 厘米鱼种 200～300 尾。由于各地水温、天气、苗种的质量以及运输距离等因素的影响，装运的密度要因时因地适当调整。

（2）用帆布桶运鱼　目前使用的帆布桶式样主要有圆柱形和方柱形两种。常用的规格是高和直径为 95 厘米左右的圆桶或者长、宽、高 90 厘米左右的方桶。上口的周围或者四边有护盖，防止水和苗种泼出。帆布桶用铁架和木架支撑，可以拆卸和折叠，携带方便。每个帆布桶可装水 400～450 千克，占整个容器的 60%～70%。在 15～25℃情况下，每桶一般可装运鱼苗 30 万～40 万尾；夏花 3 万～5 万尾；6.6 厘米的鱼种 1 万～1.5 万尾；10 厘米的鱼种 5000～6000 尾；13 厘米的鱼种 300～500 尾。4 吨重的汽车，一般可放帆布桶 6 个，如桶内配有同样大小的塑料衬袋并携带氧气瓶充氧，更适合长途运输。

（3）塑料袋充氧运输　把鱼装入盛水的塑料袋，然后充氧密封运输，这样运输密度大，成活率高，是鱼苗、鱼种常用的运输方法。塑料袋一般长 70～80 厘米，宽约 40 厘米，外面有配套使用的包装纸箱。每袋可装鱼苗 5 万～10 万尾，乌仔 1 万尾左右，夏花 3000 尾左右，体长 10 厘米的鱼种 200～300 尾。装鱼前逐个检查塑料袋有无漏洞及小孔。先装进约 1/3 的水，将鱼苗或者鱼种倒入袋中，用双手自下而上挤出袋内的空气，然后充氧至塑料袋鼓起、轻压有凹陷，扎紧袋口，回折后再扎紧。塑料袋不能放在粗糙有硬物或者沙砾的地方，以免刺破。扎好的塑料袋平放在纸箱内。塑料袋充氧运输时间可长达 30 小时以上。运输途中尽量减少停留次数和时间，停留时，要停靠在阴凉通风处，不能在太阳下暴晒。

3. 亲鱼的运输　运输亲鱼的水温最好为 10～15℃，水温过低，鱼体易冻伤；水温过高，鱼体活跃，容易撞伤。亲鱼运输的工具主

要是帆布桶和塑料袋，活水车、活水船的效果也很好。

（1）帆布桶运输　帆布桶适于短途运输，一般每个帆布桶装水400～500千克，装体重1～2千克的亲鲤鱼30～40尾。帆布桶内最好有衬网，以防擦伤鱼体并便于出鱼。帆布桶内若能充氧则更好。

（2）塑料袋充氧运输　塑料袋充氧适用于长途运输，每只塑料袋可装亲鲤鱼2～4尾。为防止鲤鱼的硬棘刺破塑料袋，造成漏气漏水引起死亡，可剪去硬棘或者用胶管套住硬棘。塑料袋要选择较厚且牢固的。搬运时要轻提轻放，尽量少惊动鱼。

四、成鱼养殖

鲤鱼的成鱼养殖以池塘、网箱和稻田养殖为主。

（一）池塘养殖

1. 池塘条件　鱼池面积以5～10亩为宜，最大不应超过100亩，主养鲤鱼的池塘宜在5亩以下。池塘水深2～2.5米，要求水源充足，水质良好。土质以黏土和壤土为好，池埂要牢固，不漏水，不倒塌，放养鱼种前，要清整消毒。

2. 鱼种放养和饲养管理　鱼种放养的品种、规格、数量应依据预计达到的成鱼产量指标、商品鱼的规格以及池塘和生产的实际条件而定。提早放养鱼种是重要的生产措施。鱼种一般是冬天或者早春放养，当年夏花鱼种在5～6月放养。放养的鱼种要求体质健壮，同塘放养的要求规格整齐，一次放足。

3. 主养鲤鱼　以鲤鱼为主的成鱼高产塘，每亩放养鲤鱼种800～1200尾，搭养少量鲢、鳙鱼，产量能达到500千克/亩。

4. 成鱼池搭养　鲤鱼在成鱼生产中，如果作为搭配养殖的品种，那么鲤鱼放养所占的比例要从属于主养鱼类。鲤鱼生长和产量情况，既受池塘内其他鱼类的影响，也与本品种的密度、规格有关。

（1）以鲢鱼为主的成鱼高产塘　肥源丰富、水质较肥的塘，可主养鲢鱼。放养的比例大体是鲢鱼60%，鳙鱼不超过10%，草鱼占10%，鳊、鲂鱼不超过10%，鲤鱼占10%。

（2）以草鱼为主的成鱼高产塘　水源充沛，水草、旱草资源丰富或者草鱼颗粒饲料价格低、来源足的地区，可以草鱼为主。草鱼和团头鲂占60%，鳙鱼占25%，鲢鱼占5%，鲤鱼占10%。

（3）以青鱼为主的成鱼高产塘　靠近大湖、盛产螺蚬的地区，可以青鱼为主养对象。但鲤鱼与青鱼摄食相同的饲料，两者在食物上有一定的矛盾。因此，在主养青鱼的池塘里，鲤鱼的放养规格要小些，以10~15厘米为好，且数量不宜过多。

以上几种以家鱼为主的混养情况下，饲养管理主要是照顾好主养鱼，兼顾混养的其他鱼类品种。鲤鱼的适应性强，食性又杂，不必特别照顾，不需要特殊的管理措施。

5. 鱼种池套养　家鱼夏花鱼种池内套养适量的鲤鱼夏花鱼种，要求家鱼鱼种年底前达10~15厘米，鲤鱼达到商品鱼规格。实行鱼种池套养，家鱼鱼种的放养密度、规格和饲养管理均按常规进行。也就是说，在不影响家鱼鱼种生产和不增加投饲管理开支的情况下，充分发挥鲤鱼清扫食场的作用，利用池底的残饵和底栖生物增加一部分成鱼产量和收益。

（1）家鱼种的放养　家鱼鱼种培育有单养，也有混养，以混养较为有利。但混养的品种不像成鱼养殖那样多，一般是2~3种鱼混养。一般混养的比例是：以鲢鱼为主的池塘，搭配25%草鱼和5%鳙鱼；以草鱼为主的池塘，配养30%左右的鳙鱼；以青鱼为主的池塘，配养30%的鳙鱼，不宜配养草鱼。一般放养密度：每亩放养夏花鱼种总数为6000~10000尾。

（2）鲤鱼的套养　是指鲤鱼在家鱼鱼种之后搭配放养。鲤鱼的

放养规格为 3 厘米左右,家鱼鱼种的规格在 2 厘米以上。鲤鱼的放养密度,根据鱼池条件、饲养管理水平及家鱼鱼种的密度、规格而灵活掌握。在家鱼鱼种放养的情况下,鲤鱼的放养密度控制在 50～100 尾/亩,都能达到商品规格。如密度小则个体长得大,密度大则个体长得小。

(二) 网箱养殖

1. 网箱放置场地的选择　放置网箱的水域,应该是水质肥沃,避风向阳,底部平坦,深浅适中 (常年保持 4～7 米),无污染,水温适宜,没有洪水,靠近村庄或者农作面积较大的库湾水域。

2. 网箱的结构和安置

(1) 网箱的结构　网箱通常用 6 片网片加工缝制成封闭或者敞口的箱体,一般为长方体或者正方体,四周固定在用金属或者方形木条绑扎成的框架上。养鱼种的网箱,网目为 1 厘米,大小为 20～30 平方米。养成鱼的网箱,网目 2～3 厘米,大小为 60 平方米左右。

(2) 网箱的安置　网箱有封闭浮动式、敞口浮动式和敞口固定式等几种形式。敞口浮动式网箱,必须在四周加防逃鱼的拦网。敞口固定式网箱必须高出水面 0.8 米左右,所有的网箱均要牢固安置。

3. 网箱养鱼种

(1) 夏花鱼种的强化培育　将鲤鱼养至乌仔即进行分塘稀养,在池塘迅速培育成 4～5 厘米、适合网箱养殖的鱼种。

(2) 鱼种的过筛和消毒　经过培育的大规格夏花鱼种,要先经锻炼,然后捆箱过数,按规格分箱饲养,一次放足。

(3) 鱼种入箱　入箱前鱼种要消毒,用 3%～4% 的食盐水浸洗 5 分钟,或者用 5% 的食盐水和 0.5% 的小苏打水溶液浸洗,时间视鱼种忍受程度而定。放养鲤鱼的规格为 4～5 厘米,重 3～5 克。放养密度为 800～900 尾/平方米。

(4) 网箱养成鱼　网箱养鲤鱼成鱼,放养鱼种的理想规格是每尾

16

重 50~70 克，一般每尾 30~100 克，放养密度为 5~10 千克/平方米。

（5）网箱养鲤的饲养管理　网箱养鲤鱼靠投喂人工饲料，主要是配合饲料，鱼种入箱后即开始进行驯养，投饲宜少量多次。饲料的颗粒大小要与鱼种的大小相配合，既保证合理齐全的营养成分又大小适中。

（三）稻田养殖

稻田养鲤的主要方式有稻鱼兼作和稻鱼轮作两种。

1. 稻鱼兼作　即稻田插秧后不久投放鱼种，在同一稻田中既种稻又养鱼，一般单季稻和双季稻都可以稻鱼兼作。

（1）养鱼稻田的设施　养鱼的稻田，要加宽、加高、加固田埂，清除杂草，堵塞各种洞穴和缺口。田埂要求高度 0.5 米以上，宽 0.3米以上。开挖鱼沟和鱼窝，供鱼类栖息活动。在稻田的对角处，开挖进排水口，并安置拦鱼栅。

（2）苗种放养　长江流域，如果单养鲤鱼，一般每亩放养夏花鱼种或者春片鱼种 200~300 尾，经过 4 个月饲养，当年都能长成商品鱼。如以鲤鱼为主，搭养 20%~30% 的草鱼种，鲤鱼当年可养成商品鱼，草鱼可养成鱼种。早繁、早育、早放养（鲤鱼乌仔鱼种就可放养），尽可能地延长鲤鱼苗种在稻田的生长期，是获得高产的重要措施。

（3）日常管理　稻田养鱼必须专人负责，切实抓好管理，要防逃、防偷，特别要注意安全使用农药。

2. 稻鱼轮作　即稻田中种一季稻，养一季鱼。根据轮作季节不同，稻鱼轮作有两种方式：一是上半年种稻，下半年养鱼；二是上半年养鱼，下半年种稻。为了延长鱼类养殖时间，在种稻期间，一般先进行稻鱼兼作，割稻后再蓄水继续饲养。不论单季稻还是双季稻都可以进行稻鱼轮作。单季稻田如农闲田、囤水田、低洼田等常年积水，本来就只种一季水稻。双季稻尽量多种一季水稻，但由于

地质肥沃、水温较高，鱼类生长较快，单位面积的鱼产量可接近池塘水平。因此，综合经济效益较高。

（1）稻田的选择和清整　稻鱼轮作的稻田，在养鱼时不种稻，只养鱼。因此，这样的稻田有些类似养鱼的池塘，要按照养鱼池塘的要求加以清整消毒，并加固加高田埂，要求高70厘米以上，如能超过1米则更好，宽33厘米以上，其他要求同前。

（2）苗种放养　稻鱼轮作的稻田，可养食用成鱼，也可养鱼种，还可以进行鲤鱼的产卵、孵化。在养殖方式上，可以单养，也可以混养。

（3）放养时间　上半年种稻、下半年养鱼的轮作方式，在早稻插秧后1周就可以放养，先进行稻鱼兼作。长江中下游地区，5月即可放养。上半年养鱼、下半年种稻的轮作方式，一般以1～2种鱼为主养鱼。放养的规格宜大，时间宜早。

（4）品种搭配和放养密度　稻鱼轮作的稻田除单养外，也可以混养，混养能提高产量。一般以1～2种鱼为主养鱼，主养鱼的放养量（尾数或者重量）约占总放养量的60%。除不同种类混养外，也可以进行同品种、不同规格的混养，如同一块田里既养成鱼，又养鱼种。一般生产上采用的放养密度是：养鱼种的稻田，每亩放养3～4厘米的夏花1万尾左右，可产大规格鱼种5000～7000尾；密度高的可放养1.5万尾，每亩产大规格鱼种7000～8000尾。养成鱼一般放养大规格鱼种500～1000尾，每亩产成鱼100～200千克。

（5）饲养管理　稻鱼轮作的稻田，由于苗种放养密度的增加，天然饵料已无法满足鱼类正常生活的需要，因此要适当投饵和施肥。由于稻田水较浅，施肥宜少量多次，每次不宜施得太多。要认真巡田，及时加注新水，注意防汛和逃鱼。早稻收割后，不插秧，提高稻田水的深度后，继续饲养。

第二节 鲫 鱼 >>>

鲫鱼营养丰富、肉味鲜美、适应性强、生长快、易饲养，是人工养殖的优质鱼类，深受消费者和养殖者的青睐。

鲫鱼分布极广，在我国除青藏高原和新疆北部无天然分布外，几乎遍布于全国各地的江河湖泊、池塘水库和沼泽河沟等大小水体中。在天然水体中，产量可占渔获量的20％～30％，有的水域甚至达到40％以上。但是我国目前鲫鱼的年产量仅为90万吨左右，还远远不能满足市场的迫切需求。

通常人们将普通鲫、银鲫及银鲫的应用类统称为鲫鱼。普通鲫鱼在我国虽然分布极广，但长期以来并未真正作为重要的养殖对象，主要存在于广大的天然水体。其主要原因是鲫鱼性成熟早，消耗了大量的营养物质供给性腺发育而影响其生长，造成其生长速度缓慢。在长江流域，个体长到0.25千克需要2～3年的时间。

作为鲫种一个亚种而存在的银鲫，由于其地理分布极广，所栖息的生态环境千差万别，对环境的长期生态适应，使之形成了变异了的地方性银鲫种群。比较有代表性的银鲫地方种群有黑龙江方正银鲫（图1-2）、江西彭泽鲫、河南淇河鲫、安徽滁州鲫、云南滇池鲫和贵州草海鲫、额尔齐斯河银鲫等。银鲫的经济性状比普通鲫优越，具有生长快、个体大、食性广、易养殖和疾病少等特点。

白鲫自1976年引进，原产于日本的琵琶湖，伴随着琵琶湖的历史自然演变进化发展而成为欧洲和亚洲特殊类型的鱼类。人们在一些天然水域也有计划地引进了白

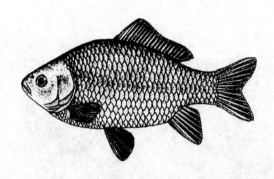

图1-2 方正银鲫

鲫增殖天然资源，有的以白鲫部分或者全部替代鲢鱼，有的在品质改良上做了不少工作。

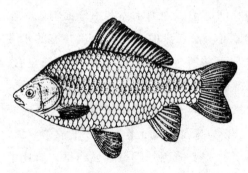

图1-3 异育银鲫

异育银鲫（图1-3）是利用银鲫的天然雌核发育繁殖特性而培育的一类银鲫养殖新品种。在不同的地方，利用不同的近缘雄鱼当作父本，异源精子对异育银鲫有生物学效应，即不同的父本所育出的异育银鲫的生物特性不同，包括制种时的受精率、子代体色的分化及子代的生长速度等方面。所用的父本有兴国红鲤、普

通野生鲤、建鲤、白鲫和团头鲂等。母本大都选用具有明显优良性状的方正银鲫，有少量选用淇河鲫和彭泽鲫的。

杂交鲫鱼类生产上有一定规模的是湘鲫和盘锦 1 号杂交鲫。湘鲫是一种用红鲫当作母本、湘江野鲤当作父本的远缘杂交一代，湘鲫系远缘杂交鱼，绝大部分不育，个别雄性可育，但性成熟后不会与亲本混交而影响当地鲤鲫鱼品系的纯度，即不会引起本地品种、品系的混乱和退化。盘锦 1 号杂交鲫的母本是湖南红鲫，父本为中国水产科学研究院淡水渔业研究中心选育的建鲤。为保证该杂交鲫的优良性状，确保杂种优势，杂交子一代不能用作繁殖后代的亲本，仅用来养成商品鱼。

此外，还有人工育成的鲫鱼新品系。如松浦银鲫和湘云鲫（工程鲫），松浦银鲫是通过人工诱导雌核发育和性别控制技术，从方正银鲫中分离并育成的，具有银鲫的遗传学和生物学特性，形态上又与方正银鲫有明显区别的遗传稳定的银鲫新品系。湘云鲫是应用细胞工程和有性杂交相结合的技术，培育出来的一种三倍体新型鲫鱼，父本为运用生物工程技术培育、能够自我繁殖、具有稳定遗传性状的四倍体新型鱼类种群（基因库鱼），母本是二倍体白鲫，此三倍体鲫鱼完全不育。

一、人工繁殖

（一）亲鱼培育

1. 亲鱼的选择　银鲫在自然水体中很易与鲫混杂，不容易分辨。尤其当个体较大时，更不易区别。凡遇此情况，可以根据银鲫与鲫的外部形态等生物学特征进行区别。较常用的方法是先数它们的侧线鳞数目，分辨体色差异，并可结合剪去部分尾鳍上叶或者下

叶尾尖，抹干后挤血做成血涂片，染色或者不染色，然后在显微镜下观察。必要时，可通过白细胞体外培养或者体细胞（如用肾脏等）观察染色体数目。这样，可以准确无误地将银鲫与鲫完全区别开来。

亲鱼的繁殖年龄、体重及使用年限，对江苏和上海地区而言，方正银鲫或者雌性异育银鲫以 2 足龄、体重 250 克以上作为亲鱼为好，使用年限为 4 年；雄性方正银鲫以 1～2 足龄、体重约 250 克的个体为好，年限为 4～5 年。采精液用的建鲤、江西兴国红鲤雄鱼，体重约 1 千克、2 足龄的个体为好，使用年限为 8～10 年。为生产子代用的建鲤、兴国红鲤雌鱼，体重为 1.5 千克、3 足龄的个体可作为繁殖亲鱼，使用年限为 8～10 年。

另外，第一次性成熟的亲鱼，不宜采用。因为，初次性成熟的精子、卵子质量较差。如果采用，将会给繁殖的子代带来不良的影响。

催产前，要选择性腺成熟好的亲鱼。雄性建鲤性腺成熟后、兴国红鲤性腺成熟后，在胸鳍第一根鳍条背面有明显的珠星，手触体表鳞片有粗糙感。特别是轻压其腹部时有乳白色的稠状精液流出。雌性银鲫性腺成熟的标志，是腹部膨大而柔软，并有弹性感。当亲鱼仰腹时，其腹面略呈平凹，生殖孔微红，轻压腹部即能挤出少量卵粒。这时，用取卵器从雌鱼腹内取出少量活的卵粒，放入透明液（95％酒精：冰醋酸＝5：1）中用肉眼观察。若卵粒大小一致，彼此分散，绝大部分卵粒的核位偏心或者极化者，表明亲鱼的催产效果较好，受精率、孵化率均高；如白色胞核居中的亲鱼，则性成熟度差，往往催情不产；如大部分卵粒无白色的核出现，则多数可能为退化卵，表明催情后不会产卵，或者产出的卵受精率和孵化率均差。

2. 亲鱼的培育　亲鱼的培育好坏，关系到翌年苗种生产的数量与质量。亲鱼培育得好，怀卵量多，卵子质量好，易催产，孵化率高；反之，卵子质量差，孵化率和仔鱼成活率低。因此，选好的亲鱼母本，要单独专塘精养，不要和其他鱼类（鲤鱼、草鱼等）混养在一起。特别在繁殖季节，要切实防止其他雄鱼混入池中，以免银鲫雌鱼因受雄鱼的刺激而流产。想要培育好催产亲鱼，必须认真把产后亲鱼培育、秋冬季亲鱼培育和春季产前培育三个环节做好。银鲫在水温3℃时仍能进食，因此，从催产繁殖后，到翌年产卵繁殖时，都不能放松对亲鱼的培育和管理。特别是产后的亲鱼，体质十分虚弱。需做到池水清新，溶氧充足，环境安静和投喂营养丰富的新鲜饲料，使其尽快恢复体质。在亲鱼培育中，秋季培育亲鱼极为重要，因为秋季培育得好坏，直接影响雌亲鱼的怀卵量。亲鱼的秋季培育是常年培育中的关键。冬季，水温逐渐下降，当天气晴暖时，也要酌情投喂少量的商品饲料。春季，大地温度回升，亲鱼摄食也随水温逐渐上升而日趋旺盛，这时投饲量可按亲鱼体重3％～5％或者随亲鱼总体重、亲鱼摄食程度、水温、溶氧等因素的变化而有所增加（如5％～7％）。如经常在培育池中注入新水或者微流水，能促进亲鱼食欲和性腺发育。但在亲鱼产卵前，流水刺激切忌过多、过量和过猛，以免造成流产。

亲鱼培育可分为后备亲鱼培育和产后亲鱼培育，两者都可采用主养和套养两种养殖模式。可在主养池中培育，选择3～5亩鱼池作为主养池，放养前清除过多淤泥，采用常规生石灰清塘消毒方法，为亲鱼培育创造良好条件。亲鱼放养时，要用2％～3％的食盐水浸洗10分钟左右，浸洗时间的长短，视鱼体的体质和当时的水温而定；也可在主养池中培育亲鱼，要将雌、雄鱼分池培育，在培育期间，要防止鲫鱼和其他近缘品种鱼类混入。

在主养池中，亲鱼的放养密度，应比商品鱼养成池稀松，通常亩放300～500尾，再搭养鲢、鳙鱼春片鱼种400尾左右。经一年培育，亲鱼规格达0.3～0.5千克的合格亲鱼，每尾亲鱼产卵量可达到5万粒左右。

要强化产后亲鱼的培育，喂以优质饲料，饲料中添加能促进性

腺发育和恢复体质的成分。采用驯饲养鱼技术，保证产后亲鱼卵巢的恢复和发育。

在套养池培育，一般选择鲢、鳙鱼种培育池作为亲鱼培育套养池。池塘面积视具体情况而定，最好 5~10 亩。套养可节省饲料，降低成本。鲢、鳙鱼种培育池水质较肥，水中富含天然饵料生物，能充分满足亲鱼的生长和性腺发育需求。这种养殖方式，更适合于产后亲鱼的培育，套养数量一般亩放 100~150 尾，秋后合格亲鱼体重可达 0.25~0.4 千克。套养池的清塘消毒、放养时的鱼体消毒与主养池相同。

3. 日常管理

（1）水质管理　适时注水，逐步提高培育池水深。池水的深度，要随气温、水温的提高和鱼体的生长发育，逐步加深，由放养时的 50~70 厘米，最后加到 1.5~2.5 米。每周加水 1~2 次，每次 10~15 厘米，调节水的 pH 值。与其他鱼类一样，培育池水最好是偏碱性，即 pH 值 7.5~8。对于偏酸性水，可用生石灰调节，每亩用量 10~15 千克，化浆后全池泼洒，同时也可防止鱼病的发生。水质过碱（pH 值高于 9），应用江河水或者地下水调节，先排去部分老水，再注入新水，可分多次进行，逐步降低 pH 值至理想区域；注水的另一重要作用是促进池水中浮游生物的生长、繁殖，保持池中有较高的溶解氧。但溶解氧的含量受多种因素影响，如水温、池水中有机质的含量、池水中生物的生长繁殖和鱼种的放养量等，都会影响池水的溶氧量，特别在阴雨天、闷热天气，常常因缺氧而泛塘死鱼。此时，要用增氧机增氧，一般在晴天中午开机 1~2 小时，阴雨天半夜开机至第二天清晨，以增加池水的溶解氧。

（2）适时投喂　主养池必须投喂饲料。所用饲料可选购商品颗粒饲料或者自制配合饲料，配制时要考虑亲鱼的生长和性腺发育，粒径以亲鱼适口为度，日投喂量为池中鱼体重的 4%~5%，日投喂 3~4 次。设置投饵台，每次投喂 30~40 分钟，采用驯饲技术。鲫鱼的摄食习性在自然水体中与鲤鱼不同，它们分散摄食，因此，驯饲较难，要从夏花幼鱼阶段开始。

（3）巡塘和防病　每天早、中、晚各巡塘1次。巡塘主要检查池塘进排水、观察亲鱼的生长和活动情况。黎明时检查有无浮头发生，浮头程度如何；白天结合投喂等工作，检查亲鱼的摄食情况；近黄昏时检查全天摄食情况，主要检查食台上有无剩余饲料，以决定第二天的投喂量。酷暑季节天气突变时，应在半夜前后巡塘，及时防止和处置泛塘情况。记好巡塘日记。

平时要经常检查鱼体的健康状况，根据方正银鲫的主要病害、发病季节和发病特点，及时预防。高温季节，每15天或者20天，按每亩水深1米用生石灰15～20千克化浆泼洒，达到改良水质、杀灭水中病原体的作用。定期用漂白粉1毫克/升或者其他含氯物质（根据说明书使用）或者0.2～0.5毫克/升美曲磷酯（敌百虫）防病。夏秋季节，亲鱼易感染肠炎等细菌性疾病，可用磺胺胀粉每100千克鱼体重2克或者土霉素等制成药饵投喂，6天一个疗程，每天投喂1次，第一天用全药量，第2～6天药量减半。

（二）繁殖

1. 产卵池　选择靠近亲鱼培育池的池塘作为产卵池，面积1亩左右，水深1米左右，环境安静，阳光充足，注排水方便。土池或者水泥板护坡池均可。土池必须清整，清除过多淤泥、池边杂草，使用生石灰清塘。北方地区，可使用塑料大棚，使产卵提前到4月底或者5月初。此时北方日照时间长，晴天多，5月初大棚室温可达到25℃以上，井水经一天日照，水温可提高到18℃左右的产卵水温，可比自然产卵提前20天，当年可养成商品鱼。

2. 配组产卵　方正银鲫分批产卵，1尾雌鱼卵集中的卵成熟度不一致，因此要分几次产出，可能要3～4天，甚至1周；但在人工催产下，可一次产出；从群体来说，部分个体先成熟，先产卵，有些个体后成熟，后产卵。因此，产卵期拖得很长，可能要1个月左右。这样，为保证催产的成功率，每次催产都要选择成熟好的亲鱼。选择的标准，雄鱼以轻压腹部能挤出少量精液为好；雌鱼要腹部膨大、柔软，腹部向上可见卵巢有向后腹流动的观感，泄殖孔突出，有红点。在方正银鲫群体中，雄鱼仅占15%左右，且雄鱼对环境的适应能力差，死亡率大。实际上，一般亲鱼群体中，雄鱼仅占10%左右。所以采用的雌、雄鱼搭配比例为3：1左右。这一搭配基本可以保证较高的受精率。

在自然条件下，当水温上升到16℃时，方正银鲫就可以产卵，但由于其产卵呈分批性，所以很难依靠自产形成规模生产。因此，必须集中催产。在江苏、浙江、湖北一带，4月中旬前后，水温达18℃就可以催产；北方地区，黑龙江省要到5月底至6月初，利用日光温室可提早到5月初，也可提早到4月下旬。但考虑到苗种培育要与自然池塘水温接近，所以温室产卵选择5月初较为合适。

3. 催产期 亲鱼性成熟度与天气的变化及水温有密切关系。当亲鱼已达最终成熟和气温比较稳定时，应不失时机地进行一年一度的人工繁殖。一般情况下，当水温上升至15℃左右时，亲鱼开始产卵，但通常以水温18～24℃较为适宜。若发现银鲫或者异育银鲫开始减食、停食，追逐或者成群游至岸边水表层，以及在池塘石坡、水泥板坡上摩擦等现象，均为亲鱼即将临产的预兆。

一般使用干法保存的鲤鱼脑下垂体用量为每千克体重的雌鱼4～6毫克；绒毛膜促性腺激素用量是每千克体重的雌鱼为800～1000国际单位。对异育银鲫和方正银鲫的雌鱼大都不单独使用LRH－A，而是与鲤鱼脑下垂体，或者与绒毛膜促性腺激素结合使用。如250～350克体重的银鲫，每尾注入LRH－A25微克和HCG200～300国际单位或者LRH－A30微克和脑垂体1～1.5毫克。每千克雄鲫鱼可用 HCG500 国际单位。若用混合激素，则雌鱼每千克体重注入 2 毫克，雄鱼的剂量为雌鱼剂量的一半或者更少。

注射次数分一次注射和两次注射。一次注射是把预定的催产剂量在同一时间内全量注入亲鱼体内。两次注射则将预定的催产剂量分两次注入亲鱼体内。第一次注射的剂量为全剂量的 1/10～1/3，余下的剂量在第二次注射时全部注入鱼体内。一般都采用两次注射，其优点在于对性成熟度稍差的亲鱼，可以促进卵母细胞进一步成熟，使卵粒的成熟和排出更加协调；更符合亲鱼的正常生理规律，有利于正常产卵。

雄鲫如精液充沛，可免注射。如需注射，基本上只注射 1 次，即在雌鱼进行第二次注射时才注射。如雌鱼只注射 1 次时，雄鱼应比雌鱼晚 6～8 小时注射。

4. 繁殖方式

(1) 自然产卵 产卵池的水温要控制在 18～22℃，并要有一定升温的变化幅度。产卵池气温的提高，可以使亲鱼感到有一个温暖的产卵环境。鱼类自然产卵都是选在连续几天升温的头天或者将要降温的前 2 天，而在降温的天气是不会产卵的。鱼池自然产卵，催产亲鱼入池后，要在池边布置相应数量的鱼巢接卵。这时，亲鱼一般潜伏水底，很少活动，但到效应时间前 3～4 小时开始活动，先分散游动，以后一对对伴游，上浮水面，接触鱼巢，随后伴游越来越急，最后上鱼巢产卵。亲鱼上浮活动时，要给予一定的水流刺激，采用温室产卵，可在棚顶架一根钻有细孔的塑料管，一头封死，另一头接一根 5.08 厘米（2 英寸）水泵，水泵启动后水管即向下淋水，犹如下雨，水流和水声刺激亲鱼激烈产卵。这时要安排人员值班，随时观察鱼巢接卵数量，并及时将产满卵的鱼巢取出，换上新鱼巢。取出的鱼巢要及时放入孵化池。方正银鲫的产卵，有时催产后第一天不产卵，可能第二天产卵，因此要给予一定的时间。但如 3 天不

产卵，就暂时不能产了。要及时将亲鱼捕出放入一个小池中，过1周后还可能产卵。

（2）人工授精和脱黏孵化　此法主要用于异育银鲫的鱼苗生产。亲鱼催产后，放入草、鲢鱼产卵池或者水泥池中，同时放入几尾催情的红鲫雄鱼，布上一杆鱼巢。接近效应时间时，要勤观察亲鱼活动情况，当发现亲鱼上鱼巢产卵时，说明已有少量亲鱼已经成熟跌卵。但此时仅几尾亲鱼成熟，尚不能拉网捕鱼。需再经半小时至1小时，待大批亲鱼成熟时，方可拉网检查，此时多数亲鱼已经跌卵，可大批挤卵和人工授精。一般成熟好的雌鱼此时轻压腹部，卵子即可顺利流出，直至全部把卵挤完。人工授精有两种方法：

①干法授精。操作时取一干净受精盘，将卵子挤入盘内，接着用吸管吸取雄鱼精液，直接滴在鱼卵上，每2万～5万粒鱼卵，滴入2～3滴精液，接着用羽毛轻轻搅拌均匀，受精5分钟后，将受精卵慢慢倒入脱黏水中脱黏。

脱黏水有泥浆水和滑石粉水等。泥浆水是用1千克黄泥加5千克水配成，用40目筛绢过滤。滑石粉脱黏水是用滑石粉（硅酸镁）100克、食盐20～24克混合，溶于10升水中制成悬浮液。用泥浆水脱黏时，将泥浆水倒入一容器内，一人用手不停翻动泥浆水，另一人立即将少量受精卵撒入泥浆中去沾。待全部鱼卵撒完后，继续翻动1～2分钟，整个脱黏时间在5分钟左右。然后将泥浆和卵一起用网箱过滤，洗去多余泥浆，筛出鱼卵，过数后放入孵化器中孵化。用滑石粉悬浮液脱黏，每10升此液可脱黏银鲫卵1～1.5千克，脱黏方法同上，悬浮液变清后，弃去上清液，再慢慢加上悬浮液，同时搅拌，这样操作3～4次后，经25分钟，受精卵全部呈分散颗粒状。随后放入孵化器中孵化。

②湿法授精。可直接将受精卵同时挤入水中，在水下30～60厘米处设置鱼巢，然后把鱼巢挂在经过清塘消毒的孵化池中孵化。也

可先用干法授精，然后用上法将受精卵粘在鱼巢上，置于孵化池中孵化。

（三）孵化及胚胎发育

1. 孵化池孵化

（1）鱼苗培育池孵化　这是群众养鱼生产中采用的方法，它直接将产满卵的鱼巢放入鱼苗培育池中进行孵化，以减少鱼苗转塘等的工作量。方法是将鱼巢挂在池中，各巢之间要有一定距离，距0.7～1.0米，以防止因鱼巢密集造成缺氧。池水深度要保持在1米左右。一般池塘每亩水面投放鱼卵50万粒左右（以下塘鱼苗20万尾左右为准）。为提高孵化率，一些地方还采用鱼池搭设孵化架，在水下20厘米左右用绳相互连接成网状，然后把鱼巢解开，将一片片鱼巢铺在绳网上孵化的方法。这种方法，鱼巢不重叠，不会缺氧，水霉菌也不易感染，孵化率较高。

（2）孵化池孵化　孵化池大都是水泥地，优点是容易控制水质，孵化率高，便于捞苗出售，鱼苗干净便于运输等，但造价较高。每个孵化池面积在20～50平方米，水深0.5～1米，每平方米可放鱼卵5万粒，放入池中的鱼巢，相互之间要保持30厘米间距。这种孵化方式与温流水结合最为理想。北方地区，为了提高孵化池水温，在池外搭盖塑料大棚，可明显提高水温（一般比室外水温高5～10℃），且昼夜温差小。但这种大棚必须设置通风口，及时交换室内外温度，防止水温过高。

采用上述两种孵化方法，为提高孵化率，鱼巢入池前要用十万分之一的高锰酸钾溶液浸卵30分钟，以防止水霉感染和寄生。

2. 孵化器孵化　这是为脱黏卵使用的，一般采用四大家鱼卵的孵化设备，有孵化桶（缸）、孵化环道和孵化槽。它们是利用水流在这些设备内上下或者环流式的流动，使鱼卵在溶解氧充足、代谢产

物少的水流中翻动孵化。因而孵化率高达 80% 左右。每立方米水体可容纳 100 万粒左右的卵。对于孵化桶（缸、槽、环道）的操作管理，主要是调节流速和洗刷黏附在缸罩上的污物和卵膜，以保证水流畅通。流速以调节到使鱼卵或者刚孵出的鱼苗冲到水面即能缓缓下沉为度。当鱼苗刚孵化时，应加强管理，防止卵膜贴附缸罩引起溢水逃苗。在孵化过程中，必须一直保持水流畅通。如发现鱼卵有提前破膜的迹象，可用 5～10 毫克/升的高锰酸钾溶液浸泡鱼卵。借水流使药液均匀散布于水中，为防止溶液过高，此工作需在 10 分钟内陆续加完药量。为了了解方正银鲫卵子发育过程中的质量，要按时计算卵子的受精率（发育到原肠中期用肉眼检查受精卵和未受精卵）、孵化率和出苗率。

3. 日常管理

（1）每天早、晚坚持测氧　鱼苗孵出前后的午夜要加测 1 次。测氧水样应取自表层、底层和两鱼巢之间，掌握其昼夜耗氧规律，做好预测，以防缺氧。

（2）调节水深和水质，鱼苗池孵化　每天鱼巢要调换地方，以防局部缺氧。孵化池孵化要根据测氧情况，适时排掉老水，注入新水。孵出前后，早、晚要各换水 1 次，最好有一个空池，倒池彻底换水最好。因为银鲫受精卵孵化一般要 4～5 昼夜，这时若池底积有大量污泥、死卵，则耗氧极大，因此要彻底换水，以后出苗也较干净。一些地方，先将鱼巢放在一个较大的鱼池（0.5 亩左右），待到要孵出时，再移入孵化池。为提高池水温度，可利用晴天上午将池水排掉，留下 30 厘米水浸过鱼巢，这样可较快地提高水温，促进胚胎发育，晚上再加水到一定深度以保持水温。遇到寒潮，可将池水加到最深。同时每天上午要轻轻摇动鱼巢，洗去附在卵上的污泥。

（3）投喂　鱼苗刚孵出时，还不能把鱼巢取出，这时鱼苗都吸附在鱼巢或者池壁上。大约经过 2 天的发育（随水温的高低而变化），大部分鱼苗已从垂直游动转向水平游动，这时可将鱼巢取出，但还要加 1～2 杆新鱼巢，因为还有一部分发育晚的鱼苗要附着。鱼巢取出后，可喂鸡蛋黄（全池泼洒）。一般每 10 万尾鱼苗用一个煮老的鸡蛋黄（用细筛绢包住蛋黄，在水中浸洗）。鱼苗喂养 3 天应下塘，培育夏花鱼种或者出售。如在孵化池中鱼苗饲养时间过长（不能超过 6 天），会引起大量死亡。

二、苗种培育

（一）鱼苗培育

1. 鱼苗培育池条件

（1）鱼苗培育池面积和要求　鱼苗培育池也就是发塘池，面积在 1～3 亩较为适宜。鱼苗培育池要求靠近水源，注、排水方便；土质好，不漏水；池底平坦，淤泥层厚度在 10～15 厘米，池边和池中不长水草；池面向阳，光照充足；池深 1.5～2.0 米，注水深度在 0.5～1.2 米。

（2）鱼池清塘和消毒　具体方法与亲鱼培育池相似。但鱼苗池必须干池、暴晒，清除过量的淤泥，但要保留表层 5 厘米的淤泥；池底整平，池坝和注排水渠道修整完好。放苗前 10 天用生石灰清塘，用量为 150 千克/亩。或者用漂白粉清塘，干塘（有水 5～10 厘米）用量每亩为 15 千克，全池泼洒。漂白粉清塘虽能杀死野鱼和敌害生物，但它不具有生石灰那种改良水质和使水变肥的作用。

（3）培育鱼苗适口饵料　鱼苗从下塘到全长 20 厘米左右，食物的大小变化一般是：轮虫和无节幼体—小型枝角类—大型枝角类和桡足类。这种变化与池塘浮游动物的繁殖顺序基本是一致的。鱼苗

培育的关键是，掌握好施肥的时机，即施肥后浮游动物的繁殖正好适合于下塘鱼苗摄食的需要。而鱼苗下塘时，它们主要摄食轮虫，塘中轮虫的多少，直接关系到鱼苗下塘后的成活率和以后的出塘率。因此，必须在轮虫数量最多时下塘。根据多年经验，池塘从施肥到轮虫大量繁殖需 5～6 天，因此要在鱼苗下塘前一周施肥，而池中轮虫的繁殖数量和达到高峰的时间与原塘轮虫休眠卵的数量及水温有密切关系。一般塘底淤泥较厚，保水力强，并大量追施过有机肥的池塘，淤泥中轮虫休眠卵多，新挖池塘则少，而轮虫卵大都分布在 0～5 厘米的表层淤泥，因此清塘时要留下表层淤泥。轮虫繁殖的高峰期，通常持续 3～5 天，此后繁殖数量由于敌害生物的侵袭或者食物缺乏而迅速下降。在轮虫繁殖尚未达到高峰时，小型枝角类便零星出现，继而数量逐渐增多，它们大量摄食浮游植物、细菌和有机碎屑，并抑制轮虫的生长发育。因此，要在枝角类零星出现时，施用 0.03～0.05 毫克/升晶体美曲磷酯（敌百虫）将其杀死，并适量增施有机肥料，以维持轮虫繁殖的高峰期。因此，适时施肥是培育好鱼苗的关键。一般要求鱼苗下塘时的轮虫数量应达到每升水 5000～10000 个，生物量 20 毫克以上。确定塘中轮虫数量可用肉眼观察计算法，即用玻璃烧杯取池水对着阳光粗略计算每毫升水中的小白点（轮虫）数目，如每毫升水含 10 个小白点，则每升水中含有轮虫 1 万个。

2. **鱼苗放养规格和密度** 鱼苗孵化后，待其发育到平游阶段，再投喂鸡蛋黄 2～3 天即可下塘。此时，鱼苗全长 5～6 毫米。放养密度一般每亩为 10 万～12 万尾，这样的密度可以在 15～20 天内培育成 3 厘米规格的夏花鱼种，成活率可达到 80%～90%。

3. **培育方法** 鱼苗从孵出到全长 1.5～2.0 厘米前，主要摄食低等甲壳动物和摇蚊幼虫；2.0 厘米之后，则以植物性食物（主要是浮游植物）和腐屑为主，与成鱼食性相似。在人工养殖条件下，则以人工饲料为主。因此，根据这一食性变化特点，培育前期主要以施肥繁殖浮游动物为主，后期除施肥外，要适当投喂人工饲料。结合各地情况，可有以下几种鱼苗培育方法：

（1）粪肥培育法　南方以各种畜、禽粪尿为多，北方以牛粪尿和鸡粪为多，粪肥预先经过充分发酵腐熟。鱼池清塘消毒和放水前施一次基肥，每亩用量为 250～300 千克；鱼苗下塘后视水质肥瘦，每周再追施 1 次，每亩用量为 50 千克左右。施肥量和间隔时间，视水色、天气和浮头情况等灵活掌握，水色达到褐绿色或者油绿色为佳。

（2）有机肥和豆浆混合培育法　多数地区采用此法，其优点是利用有机肥代替部分豆浆繁殖浮游动物，减少了黄豆用量，水质肥度比较稳定，养鱼效果好。具体做法是：鱼苗下塘前 5～7 天，每亩施有机基肥 100～200 千克繁殖轮虫。鱼苗下塘后，前期每天每亩投喂 2 千克左右黄豆豆浆；下塘 10 天后，投喂豆饼糊等人工饲料。同时，视水质肥瘦情况，每 3～5 天再追施有机肥 50～100 千克。

（3）豆浆培育法　鱼苗刚下塘时，每天要泼洒豆浆 2～3 次，每亩每天的用量为 3～4 千克黄豆磨成的浆。第 5 天增至 5～6 千克，以后根据水的肥度再适量增加。一般养成 1 万尾夏花鱼种，需用黄豆或者豆饼 7～8 千克。该方法在江苏、浙江一带较普遍，但现在也多结合采用第二种培育法。

4. 日常管理

（1）分期注水　分期注水可明显提高鱼苗的生长率和成活率。具体方法是：鱼苗下塘时水深 50～70 厘米，以后每隔 3～5 天注水 1 次，每次注水 15～20 厘米。注水口要用密网拦阻以防野杂鱼和敌害生物进入。

（2）巡塘　每天早、晚各巡塘 1 次，观察水色和鱼苗动态，以决定施肥、投饵数量及是否要加水等。随时清除池边杂草，捞除蛙

卵等。

（3）鱼体锻炼　鱼苗经过 15～20 天的培育，全长达到 2.5～3 厘米时，即可分塘培育鱼种或者出售。分塘或者出售前要进行适当的鱼体锻炼，特别在运输前一定要经过 1～2 次锻炼。具体做法是：选晴天上午 10 时左右，用夏花鱼种网，将池鱼拉入固定于池边的网箱中或者临时将渔网做成网箱。拉网动作要轻缓，鱼入网箱时不要让污物进入，鱼全部进入网箱后，要及时清除箱中的污物，并给予一定水流，使鱼顶流活动，排出体内的脏物，经 3～4 小时后，将鱼放回原池。第二天仍按照前法继续锻炼。

（二）鱼种培育

鱼种培育，主要用于北方地区的二年养成，第一年育成 50～100 克的鱼种，第二年养成 0.15～0.25 千克的商品鱼。而长江流域以南地区，都采用当年养成，即先用 15～20 天时间发塘培育成夏花鱼种，然后采用套养、混养、主养或者大湖放养等方法，到 11 月前后出池养成 0.15～0.4 千克的商品鱼。

1. 鱼种培育池条件　鱼种池条件与育苗池相似，一般要求面积 3～20 亩，水深 1.3～2 米，其清塘、消毒等与鱼苗池相同。有些地区土质肥沃，老塘、新塘放水后池水很快肥起来，一般鱼种池可不施肥或者施少量肥。

2. 养殖方式

（1）主养　培育的冬片鱼种中以异育银鲫为主体鱼，其他鱼类为搭配混养对象。

许多地方主养异育银鲫取得了不少经验。若每亩主养异育银鲫夏花（约 4 厘米）8750 尾，约占总放养量 15000 尾的 58%，约经 138 天的饲养管理，可收获 345 千克左右的大规格鱼种，其中异育银鲫占总产量的 44% 左右（平均每亩产 150 千克，成活率约 89%）。

（2）混养　各种鱼类食性不同或者不完全一样，相互间生活的习性有所区别，青、草、鲢、鳙、鲤、团头鲂和异育银鲫等鱼类可以进行混养，以充分发挥池塘水体生产潜力和合理利用饲料，进而提高池塘单位面积的产量。但是，若养异育银鲫，一般不混养或者少放入鲤、青、草鱼。

①多种鱼种混养。每亩净产异育银鲫约 200 千克，规格为每尾重约 25 克。以面积为 4.75 亩、水深 2 米以上的池塘为例，每亩放养 18287 尾鱼种，其中异育银鲫 9473 尾，草鱼 5236 尾，鲢鱼约 3157 尾和鳙鱼约 420 尾；饲养 190 余天后，每亩共净产鱼种 566 千克，其中异育银鲫为 195.8 千克，占总产量的 34.6％；鲢鱼为 224.8 千克，占 39.7％；草鱼 104.5 千克，占 18.5％；鳙鱼为 41 千克，占 7.2％，其经济效益十分可观。

②成鱼池混养。在成鱼池里每亩混养约 1000 尾的异育银鲫夏花鱼种，这些夏花鱼种与草、青、鲢、鳙鱼及其他经济鱼类混养时，无需任何特殊的饲养管理。在年底收获商品成鱼时可额外获得约 20 千克的大规格异育银鲫鱼种，以供翌年放养之用。

③茭白田饲养。在茭白田里养鱼，首先要加固好田四周的田埂，在田中开好沟。一般而言，每亩茭白田放养异育银鲫 10000 尾、草鱼 1000 尾和鲢鱼 5000 尾夏花鱼种。放养的时间通常在 5 月下旬至 7 月上旬。放养完夏花鱼种后，要严防鸭群进入茭白田。平时也要做好防逃及防外溢等工作。采摘茭白后，应及时除去干枯的茭叶和茭茎，防止它们留在田中腐烂耗氧。高温期间，应加注新水入田，保持较高的水位。投饲料应因地制宜和视鱼的摄食程度。若饲养期为 5 个月，每亩约需 150 千克饲料。10 月底至 11 月初，开沟捕鱼，约得异育银鲫 70 千克（70 尾/千克），草鱼种、鲢鱼种各 10～13 千克和 34～36 千克。

3. **日常管理**　与鱼苗培育相似。坚持早、晚巡塘，观察水色变

化和鱼的活动状况。每天下午检查食场和食台 1 次，了解鱼的摄食情况，以确定次日投饲量。经常清扫食台，每 15 天用漂白粉对食台、食场消毒 1 次。做好池塘环境清洁工作，清除池边杂草和池中草渣、腐败污物等。适时注水，改善水质。亩产 300 千克以上的池塘，夏季平均每 6～7 亩池塘水面，设 3 千瓦增氧机 1 台。定期检查鱼的生长情况，做好防洪防逃、防治鱼病等工作。进入高温季节，每 20 天左右，向全池泼洒生石灰 1 次，每亩每次用量 15～20 千克。可改善水质和预防鱼病的发生。

三、成鱼养殖

（一）方正银鲫的养成

方正银鲫池塘成鱼饲养，在北方地区较多，池塘养殖成鱼的方式主要为三种，即池塘主养、鱼种池套养和成鱼池套养。这些养殖方式所要求的池塘条件（如面积、清塘、消毒、施肥等）和日常管理与鱼苗、鱼种和亲鱼培育等条件基本相似，池塘面积适中，以 5～10 亩为好；池水较深，一般在 2～2.5 米；有良好的水源和水质，注排水方便；池形整齐，堤坝较高、较宽，池底平坦，不渗水，洪水不淹，便于操作；有一定的饲料作物种植面积。

1. 池塘主养　根据亩产指标及规格要求，有三种放养方式：

①银鲫产量占总产量的 40%，当年鱼平均个体重可达到 0.2 千克以上，平均亩产 350 千克左右。

②银鲫产量占总产量的 50%，当年鱼平均个体重在 0.18 千克左右，平均亩产 500 千克左右。

③银鲫产量占总产量的 60%，当年鱼平均个体重可达到 0.16 千

克，平均亩产 450 千克左右。

2. **鱼种池套养** 一般在每亩鱼种池中套养银鲫夏花鱼种 100～120 尾，四大家鱼鱼种按常规密度放养。这种养殖方式对银鲫不单独投饵，也不需要其他投入，经饲养 5 个月左右，每亩可增收银鲫 20～25 千克，平均个体重可达到 0.25 千克左右，而且不影响池中家鱼鱼种的生长和出池规格。

3. **成鱼池套养** 类似于鱼种池套养，每亩成鱼池套养银鲫 100～120 尾，放养规格 6 厘米以上，饲养 180 天，每亩可增收银鲫商品鱼 20 千克左右，平均体重 0.15 千克以上。投放鲢、鳙、草、团头鲂等鱼种 700 尾，平均亩产可以达到 250 千克左右。

(二) 异育银鲫的养成

由于异育银鲫是杂食性的底层鱼类，极易将它们从夏花或者冬片（仔口）鱼种饲养成为成鱼，而其本身也可作为亲本用于繁殖，并适宜在各类水体中广泛养殖。目前除了池塘饲养外，还有湖泊、河道、外荡、河蚌人工育珠池、稻田及其他形式的饲养。

异育银鲫成鱼养殖的环境条件和饲养管理方法与鲤、鲢、鳙、草鱼的基本相同。异育银鲫池塘主养方法如下：

在成鱼池中以养殖异育银鲫为主，放养量和收获产量占 40%～50%，同时配养一定数量的鲢、鳙、团头鲂、草、青、鲤等鱼种。

(1) 池塘条件 面积 10～20 亩，水深 1.5～2 米。

(2) 设备条件 每亩配备 0.3 千瓦叶轮式增氧机。

(3) 苗种放养 每亩放规格 50～60 克的鲫冬片鱼种 1500～2000 尾，花鲢 20～30 尾，白鲢 150 尾，团头鲂 100 尾。

放养密度直接影响着鲫鱼的生长速度、商品规格、市场销售价格及养殖成本。应该根据鱼种规格大小、池塘条件、管理水平及资

本情况，正确设计密度与养殖效益的关系，以求以最小的投入获得最大的利润。许多养殖实践已经充分证明，平均规格 50～60 克/尾，放养密度每亩 1500～2000 尾，商品鲫鱼出塘规格在 350～400 克，生长处在最高增重倍数 6～8 倍，投入产出比最合理。

（4）饲料要求　成鱼要求蛋白质 30%以上，饲料粒径 2～3 毫米为宜，最大不超过 3.5 毫米。

（5）日常管理

①投饵。驯化投饵时间控制为 30～40 分钟，驯化期水深 80～100 厘米，驯化成功后放养花白鲢鱼，因为花鲢也摄食颗粒饲料，对驯化影响很大，少量配养团头鲂有利于驯化。驯化期水质要清爽。每天投喂 3～4 次。每天投饵率 1%～3%，7～8 月 2%～3%。

②水质管理。水质肥瘦适中，透明度控制在 30～40 厘米。每月注水 2～3 次，每次注水 15～20 厘米；7～8 月每月换水 1～2 次，每次注水 30～40 厘米。

（三）饲料及投喂技术

1. 人工配合饲料及配方　配合饲料是以鱼类的营养学研究为基础，根据不同养殖对象、不同生长阶段对主要营养物的需要及消化吸收特点和对饲料营养成分的分析及评价，并根据营养标准，利用多种饲料的互补作用，按营养平衡的饲料配方配制的饲料。根据报道和生产实践，选择了几个配方，供参考。

（1）配方 1　豆饼 50%，鱼粉 10%，麦麸 40%，添加物如骨粉 1%，黏合剂（羧甲基纤维素，CMC）1%，混合维生素配制。饲料系数 1.7～2.1。

（2）配方 2　麦麸 30%，豆饼粉 35%，鱼粉 15%，玉米粉 5%，大麦粉 8.5%，生长素 1%，食盐 0.5%。饲料系数 1.7。

（3）配方 3　豆饼 50%，鱼粉 15%，麦麸 15%，米糠 15%，维

生素、微量元素添加剂 1%，矿物质 1%，抗生素下脚粉 1%，黏合剂 2%。饵料系数 1.7。

2. 投饵技术　正确掌握好投饵技术，是决定饲料养殖效果的关键。池塘的生态因子极其复杂，鱼类又是变温动物，摄食强度随水温而变动，投喂饲料过少，将使鱼仅能维持代谢状态，甚至体重减轻；投喂饲料过多，造成过食，会提高死亡率，且过剩的饲料因腐败使水质恶化，反过来又影响鱼的正常摄食与成长。投喂时首先要正确确定投喂量，并根据不同鱼类的摄食特性、鱼体大小、水温、溶解氧和饲料质量等，掌握好每天投喂量和投喂次数。

(1) 投喂饲料量的确定　鱼类投喂饲料量，一般是以占鱼体重的百分比来表示，称为投饵率。计算投饵率的方法很多，但一般从鱼的生长率和饲料系数确定，也可从鱼类营养及代谢水平确定。根据多年试验结果和参照有关资料，提供以下参数作为制定银鲫投饵率时的参考。

①日投饵量。控制在吃食量的 70%~80%。

②不同发育阶段的投饵标准。幼鱼阶段在 10% 左右，成鱼阶段在 2%~3%。如鱼体重为：2 克、5 克、10 克、25 克、50 克和 100~250 克，其投饵标准大体分别为：9%~10%、8%~9%、6%~8%、4%~6%、2%~4%、2%~3%（水温 25℃左右）。

③不同水温时的日投饵量。在适温范围内，等于 0.13×水温（℃）（相当于鱼体重的百分数）。

④不同溶解氧时的投饵量。当溶解氧为 3~4 毫克/升时，投饵量应比 5 毫克/升以上时减少 15%；在 2~3 毫克/升时，应减少 40%；溶解氧低于 2 毫克/升时应停止投喂。

(2) 颗粒饲料的规格和投喂次数

①颗粒饲料的规格（大小）。应根据鱼体大小，以适口性为度，制作不同粒径的颗粒饲料。

②投喂次数。一般幼鱼每天投喂 3～5 次，成鱼每天投喂 2～3 次。

（3）投喂方式　投喂方式有人工投喂、自动投喂和自动定时投喂等。饲养银鲫以人工驯饲投喂较好，但银鲫不如鲤等易于驯化和抢食性好，需要细心驯养，一次投喂至少 15～30 分钟。人工投喂要设置饲料台或者选择土质较硬的池底（或者清去淤泥）当作投饵点，防止饲料沉入泥中，造成浪费，也易于检查。

四、越冬保种

1. 并池越冬保种　长江以南地区，鱼池一般不封冰，或者仅短时间结一层薄冰。这一地区习惯秋季（11 月前后）并池越冬。目的：一是商品鱼出池上市；二是池塘清整改造。这时可以结合商品鱼上市和并塘出池的时机，按亲鱼标准挑选合格亲鱼，以每亩 500～1000 尾进行专池过冬，池水水位保持在 1.5 米以上，以利于翌年春季繁殖时使用。专池越冬在水温合适的时间还可以投喂（一般银鲫在水温 10℃左右还可摄食），促进性腺进一步发育；同时，要加强管理。

2. 越冬池越冬保种　我国北方地区的年封冻期在 100 天以上，越冬是北方地区养鱼生产的重要环节。北方的越冬池一般越冬两种鱼类：一种是各类亲鱼（包括鲢、鳙、鲤等）和部分商品鱼；另一种是鱼种。银鲫由于个体小，故与鱼种一起越冬较合适，这样第二年出池不会受伤。

整个越冬期表层水温不低于 1℃，底层水温不低于 2～3℃，要特别注意封冰当天表层水温不能过低，有条件的地方应加注井水。越冬期间如遇缺氧，需要机械增氧时，为防止冰下水温过低，一次增氧时间不要超过 6 天，可白天开机，晚上停机。

越冬池尽可能保持明冰状态，有利于浮游植物的光合作用。一般在透明度高时浮游植物量少；反之，透明度低，浮游植物量高。根据多年来越冬管理经验，越冬池最适透明度应在 48～66 厘米，这时的浮游植物量在 25～50 毫克/升，可保持水中有较高的溶氧量。

要求冰下水深在 1.5～2.0 米。按生物增氧计算，越冬池有效水深以 1.1～1.8 米为好。越冬池的溶氧量，主要靠生物增氧来维持，生物增氧不能维持鱼类最适溶氧量的池塘，常需要采取机械增氧措施，以保证鱼类越冬的最低溶氧量不低于 4 毫克/升。

3. 银鲫安全越冬的措施

（1）越冬池清塘、消毒

①清塘消毒。放鱼前 10～15 天，将池水尽量排干，晾晒 3～7 天，每亩用生石灰 50～75 千克全池泼洒。用原塘水越冬的地区，应将原塘水排出 1/2～2/3，然后泼洒生石灰水（水深 1 米左右，每亩用 15～25 千克）和漂白粉（使池水有效氯浓度为 1 毫克/升）杀菌消毒。1～2 天后，最好再用晶体美曲磷酯（敌百虫）全池遍洒，使池水浓度为 1～2 毫克/升，以除害（浮游动物）防病。

②注水和补水。越冬池要尽量使用井水或者库水、不污染的河水，封冻前加深到最大限度，这时池水应保持干净，透明度在 80 厘米以上。越冬期封冻以后，也要经常注水，通过注水调节水的肥度和保持冰面不塌，至少每周注水 1～2 次。

③控制浮游动物。越冬期间，要用晶体美曲磷酯（敌百虫）全池泼洒，使池水浓度为 1 毫克/升。以防止轮虫、剑水蚤的大量繁殖，使水中溶氧下降。

④扫雪。下雪后第二天即应将积雪清除，保证冰下有足够的光照。冰面积尘过厚，也应扫除。扫雪面积应占全池面积的 80% 以上。

⑤防治鱼病。采用挂袋、全池泼洒等方法，防治越冬期间鱼病的发生，要根据鱼病种类及时治病。

第三节 鳜 鱼 　　　　　　　　〉〉〉

　　鳜鱼指鳜属的几种鱼类，在分类学上属鲈形目、鮨科。鳜鱼属种类繁多，包括大眼鳜、翘嘴鳜、斑鳜、暗鳜、石鳜和波纹鳜等。

图 1-4　大眼鳜

大眼鳜（图 1-4）和翘嘴鳜（图 1-5）是比较常见的，眼睛的大小是它们的主要区别。大眼鳜，顾名思义，眼睛大，占头长的 1/4，所以又被叫作睁眼鳜；翘嘴鳜的眼睛就相对小一些，

图 1-5　翘嘴鳜

占头长的 1/6，所以又被叫作细眼鳜。此外，大眼鳜背部不隆起，身体较长，呈梭形，似鲤鱼。而翘嘴鳜体高而侧扁，背部隆起，呈菱形，似鳊鱼。因为在同样的生存条件下，翘嘴鳜比大眼鳜的生长速度快 4 倍多（但两种鱼在苗种阶段内的生长速度相差无几），所以，目前人工养殖的主要是翘嘴鳜。作为养殖户一定要分清两者，避免误养大眼鳜而亏本。

一、人工繁殖

1. 亲鱼的采运和培育　目前，亲鱼来源有两种途径：一是来自池塘养殖；二是在冬季从天然水域中捕获。在繁殖季节来临之前，从天然水域捕获直接用于生产的，其催产成功率非常低，在鳜鱼越冬前捕捉为最佳时期，可以延长其强化培育时间，能够提高繁殖效果。从天然水域捕捞亲鱼，可用单层尼龙刺网、三角抄网等工具。捕捞的亲鱼应逐尾进行选择，要求无病无伤、体质健壮、形体标准，尽量选用个体大、体重 1～2 千克、2～3 龄的亲鱼，以保证繁殖效果。如果条件限制，体重在 0.75 千克以上的雌鱼、0.5 千克以上的雄鱼亦可进行人工繁殖。

亲鱼运输有干运和水运两种。干运方法只适用于短距离运送，可用竹篓、鱼夹加湿水草包裹或者用湿毛巾包裹亲鱼，途中视距离远近也应经常淋洒清水。水运方法是在船上或者车上设置帆布袋、桶等容器，容器内装上一半水，每个容器以大小来决定运亲鱼的数量。运输中为了防止亲鱼因缺氧死亡，要经常添换新水。倘若能用活水车或者胶皮氧气袋运输更好。无论是养殖还是天然捕捞的亲鱼，在繁殖之前都要进行强化培育，培育池宜用 1.5～3 亩的土池，水深在 1.5 米左右。培育期间应投喂鲮鲅、鲤、麦穗、鲫等鱼种，饵料鱼投放要适时、足量。为保证水质清新、溶氧充足，每天要定时冲换水。培育 40～60 天，就可以进行配对催产。在条件允许的情况下，可以结合对亲鱼池进行注水保温、降水增温、流水刺激的生态催熟办法或者利用热水资源培育亲鱼，那么它们的性腺发育会更加理想，并且可以提早进行繁殖。

2. 鳜鱼的性腺发育 雌鳜一般要两年才能性成熟，如果是在精养条件下，有的雌鳜1冬龄也能成熟。11月卵巢可达Ⅲ期，第二年4～5月，卵巢发育至Ⅴ期，6月底就有卵巢退化现象，而大规格的雌鳜（体重在800～3000克），到7月上旬仍然可以催产排卵。6月中旬解剖不同规格的亲鱼，其成熟系数为：雌鱼体长24～28厘米，体重在260～2450克，卵巢重量为20～250克，成熟系数在5.3%～10.2%。而同期雄鱼体长23～27厘米，体重270～480克，其精巢重量在10～20克，成熟系数为3.5%～4.5%。雌鳜的个体大小与相对卵巢成熟系数成正比。所以，选择催产亲鱼的时候，尽可能地选择个体大的雌、雄亲体。

3. 繁殖前的准备 人工繁殖前应检查产孵化缸、环道、水泵、卵池、管道和进水口过滤设施等，如果发现问题要及时修理。在净化水质和防止鱼卵、苗发病方面要准备到位，并注意药物有效期。应及时备足人工催产用激素等催产剂并留有余地。

4. 人工催产

（1）催产时间 天然水体中鳜鱼的生殖季节，在长江流域始于5月中旬（华南地区提前1个月，华北地区推迟1个月），而人工繁殖的鳜鱼从4月下旬就已经开始了。从解决好鳜鱼苗的开口饵料鱼考虑，鳜鱼人工繁殖工作最好是与家鱼人工繁殖工作紧密配合进行，故以5月上旬催产较为理想。必要时可提前半个月打催熟针，以促进鳜亲鱼提早性腺发育成熟，因为此时雌鱼的性腺成熟系数较小，必须采取强化培育措施。

（2）亲鱼的选择　供人工繁殖用的亲鱼的性腺成熟度必须良好，成熟亲鱼的外观特征是：雄鱼生殖孔松弛，轻压腹部有乳白色精液流出，且精液入水后，能立即自然散开；雌鱼腹部比较膨大，卵巢轮廓明显，腹中下线下凹，卵巢下坠后有移动状，用手轻压腹部，松软而富有弹性，用手轻压腹部无退化卵流出，取卵观察卵粒呈黄色，且卵粒大小整齐、透明。

5. 人工孵化

（1）孵化条件

鳜鱼卵是半浮性且无黏性的卵，与家鱼卵相比，体积小，比重大，容易沉入水底从而造成窒息死亡。所以，

水流、水温和溶氧是主要条件。水流的作用有三个方面，其一是输入的新鲜水含有丰富的溶氧；其二是随水带走鱼卵排出的二氧化碳等废气；其三能保持卵悬浮在水体中上层，不使下沉。因此保持孵化缸（环道）中水流正常非常重要。鳜鱼胚胎通常要求水中溶氧在6毫克/升以上，所以，要求水流的速度要比四大家鱼鱼卵孵化时快些，防止鱼卵沉积，必要时可以采取人工搅动的方法。在适宜的温度范围内，孵化时间随着温度的增高而缩短，反之则长。水温在23～30℃，孵化出膜正常的时间为26～40小时。水温保持在最佳范围，可以有效提高孵化率并且缩短孵化时间。酸碱度适中、水质清新也是孵化用水的必要条件。此外，水体中不能含有小虾、水生昆虫、蚤类和蝌蚪等敌害，所以，孵化用水必须要通过筛绢过滤，网

目规格为 90～100 目。

（2）日常管理　鳜鱼卵孵化的时候，加强日常管理，必须做到以下几点：一是经常清洗筛绢，尤其是脱膜高峰期，更应防止卵膜等堵塞网孔，造成水流不畅，使水质变坏。二是机电配套，防止停水。如停水，鱼卵就会下沉，堆积于水底，导致底层缺氧，水质变坏，造成死亡。三是控制水流。孵化时，要有稍微大一些的水流，一般控制在 0.2 米/秒，使卵保持在中上层，脱膜期水流可适当加大，以便清除油污、卵膜等，但当鱼苗出膜后，应减小水流，防止跑鱼等。四是加强检查观察，及时用药灭菌、杀虫，防止病害的侵袭。

二、苗种培育

鳜鱼苗种培育是目前鳜鱼养殖的薄弱环节，也是鳜鱼养殖中的关键环节之一。原因就是其苗种培育具有独特性，对技术的要求较高，成本也比较高，还有就是鳜鱼苗是以活鱼苗为开口饵料的，如果培育技术不当，就会前功尽弃。

根据我国传统的养殖方法以及苗种的特点，苗种培育分为两个阶段：第一阶段称为鱼苗培育阶段，从水花开口，经 20 天左右的培育，养成体长达到 3 厘米左右的稚鱼（俗称寸片、夏花）。这个阶段饵料鱼个体相对较大，而鱼苗体小幼嫩、口裂小，摄食、吞咽都比较困难，对敌害生物的侵袭以及外界环境条件的变化都没有抗逆能力，极易死亡，所以，这是鳜鱼养殖成败的关键阶段。第二阶段称为鱼种培育阶段，把鱼种从夏花培育成 10 厘米以上的鱼种。

(一) 鱼苗培育

刚出膜的苗体柔软细嫩，培育 50～60 小时之后，体长即达 4～5 毫米，心跳平均次数为 3 次/秒，此时的鳜鱼苗如果已经开始摄食，便可以进入鱼苗培育阶段。目前，生产中常用静水和流水两种方式，静水育苗又分水泥池和网箱；流水育苗又分孵化缸和环道。静水育苗成活率没有流水育苗高，但生长速度则比流水育苗稍快。所以，一般先进行流水培育，再进行静水培育。

1. 培育方式

(1) 静水培育 培育鱼苗的池子一般以水泥池为好，大小一般为 4 米×6 米×0.8 米。在池底可铺置一些模拟天然水域的人工礁，为鳜鱼苗创造一个良好的捕食环境。池深要求 0.8～1 米。鱼苗放养之前，培育池必须彻底清理消毒，放养密度一般每立方米水体 7000 尾左右，当苗长至 1.5 厘米左右时，再移入网箱培育，效果会更好。

(2) 流水培育 具有水质新鲜、水体交换量大、水温均衡、温差小和溶氧丰富等优点，符合鳜鱼生长对环境的要求。目前生产单位多数采用此种方法，即将孵化缸 (环道) 中孵出的鳜鱼苗留在有微流水的原缸 (环道) 中培育。育苗初期，鳜鱼苗放养密度一般为 0.5 万～1.0 万尾/平方米，随个体的增大而逐渐减少。在鳜鱼培育过程中，应注意环道不易排污的缺点，防止环道内沉积淤泥和腐殖质。培育 5～7 天后应选择晴天，在上午 10 时左右适时转环。鳜鱼苗贪食，最好在转环前 12 小时停止投喂饵料鱼，以保证转环时空腹，减少损失。

现如今广大农村养鱼专业户也采用小型土池育苗的方式，其成本较低。基本要求是土池在 1.5 亩以内，水深 0.5～1.0 米，淤泥少，有微流水，底质硬，并配备增氧机。放养于池中的鳜鱼苗，应

是在孵化缸或者孵化环道或者孵化桶内开食并且至少培育 5～8 天的鳜鱼苗，此时鳜鱼苗的消化器官已完全具备成鱼的构造与机能，全长在 1.25 厘米左右。倘若放养规格太小，那么成活率会很低，有时甚至会全部死亡。

2. 饵料鱼投喂　鳜鱼是典型的肉食性鱼类，开口即食活苗，饥饿时甚至互相残食。所以，鳜鱼培育成功的关键在于选择好饵料鱼，准确掌握鳜鱼开口摄食时间并且及时供应适口饵料。

（1）开食时间的确定　一般情况下，当水温在 23.5～25℃、24～26.5℃、26～29℃时，受精卵至鳜鱼开食时间相隔分别为 112～120 小时、105～115 小时和 90～98 小时。

（2）饵料鱼的选择　鳜鱼摄食及成活率直接受开食饵料鱼苗的大小是否适宜的影响。生活中宜选择游泳能力较弱、体形扁长的鲂、鳊、鲴鱼苗为开口饵料，特别是刚出膜 8 小时的活苗为最佳选择，此时的饵料鱼方便被鳜鱼整尾吞食。如果鳜鱼在开食的 3～5 天内得不到适口的饵料鱼，鳜鱼会渐渐消瘦导致死亡或者鳜鱼苗之间相互残食，并因吞食不下导致卡死。

（3）饵料鱼生产　由于饵料鱼的体高和鳜鱼的口裂在生长中有变化，在不同的时期，需要给鳜鱼投喂一定发育阶段的饵料鱼苗，才能被鳜鱼所吞食。如 60 时龄的鳜鱼，仅能吞食 60～216 时龄的细鳞斜颌鲴苗；84 时龄的鳜鱼苗，就能吞食 60～216 时龄的团头鲂；108 时龄的鳜鱼苗，则能吞进 216 时龄之前各阶段的鲂和鲴苗，并且还能吞进 36～108 时龄的草鱼苗；而 144 时龄的鳜鱼苗，可以吞进 216 时龄前的鲴、草鱼、丰鲤、鲂、鲤及 12～216 时龄的鲢和 24～108 时龄的鳙苗。所以，鳜鱼培育的一个重要环节就是及时供给适口饵料鱼。

（4）日粮　每尾鳜鱼苗进食初期，2 天以内，日粮为 2～3 尾，进食稍显缓慢；2～4 日龄，日粮增加至 4～5 尾；5～8 日龄，日粮能达到 8～12 尾；8～12 日龄，日粮能增加到 10～16 尾；14～15 日龄，日粮可达到 15～20 尾，随鱼体长大而使进食速度加快。饱食的鳜鱼苗，尾柄微弓，腹部膨大，呈菱形。在流水的情况下，靠在内壁静止不动或者随水漂流。如果是饥饿的鳜鱼苗，身体就比较扁平，在环道内散开觅食。所以可以此判断饵料鱼是否充足。

（5）摄食方式　鳜鱼夏花培育过程中，可以清晰地看到鳜鱼是从尾部开始吞食饵料鱼的，常常是半条鱼露在嘴外，半条鱼含在嘴里，边游边吃边消化，最后将鱼头吐掉，有时还可以看到饵料鱼的头挂在鳜鱼仔鱼鳃盖后的棘刺上，而这又往往会被误认为是寄生虫。在这里要提醒大家注意，遇到这种情况无须药物处理，过一段时间饵料鱼的鱼头将会自然脱落。

鳜鱼为什么要从尾部开始吞食饵料鱼呢？那是由鳜鱼仔鱼发育的内在因素导致的。刚孵化出膜的仔鱼，虽然色素沉着早已发生，但眼的活动还没开始，所以，它主要靠触觉来捕食饵料鱼，而细小的饵料鱼的运动主要靠尾部的振动，这就造成了鳜鱼都是从尾部吞食饵料鱼的。鳜鱼苗经 7～10 天培育，全长达 16 毫米以上时，就已经具有成鱼外形，但尚未长出鳞片，但其侧线系统和眼的功能逐步发育完善，对外界的反应越来越敏感，此时的鳜仔鱼就能同时依靠视觉和触觉来捕食饵料鱼，摄食方式发生变化，改为从头部吞食饵料鱼。这时就可投喂鲢、鳙的出膜鱼苗，但由于鳜鱼苗的发育规格不整齐，仍要投喂部分团头鲂或者鲤鱼鱼苗等，供小规格的鳜鱼摄食，以达到均衡生长的要求。

3. 管理　培育期间，必须对水体彻底消毒，实行精细管理，及时排污清杂，严格控制水质，适时繁殖饵料鱼，避免病原体被带入育苗池，注意与鳜鱼苗培育要求相衔接，定期向培育池泼洒药物，切实做好防治鱼病工作，从而有效地提高鳜鱼成活率。经过 20 天左右的饲养，鳜鱼苗长至 2.5～3.5 厘米，即称夏花，进而培育鳜

鱼种。

（二）鱼种培育

夏花鱼种比之鱼苗，鱼体已增几十倍，如仍留在原池培育，密度过高，将影响生长，亦增加管理难度。因此，必须分养，然后将夏花进一步培育成较大规格的鱼种。

鳜鱼种的养殖方式分专池主养、套养、拦养和网箱养殖四种，一般用专池培育的鳜鱼种成活率较高，有的可达90%以上；套养池的鳜鱼种成活率较低，一般为20%～40%。但由于套养池放养密度低，因而生长速度较快。而专池培育，虽然成活率较高，但由于放养密度较大，会影响鳜鱼的生长速度。

1. 专池培育

（1）鱼池条件与放养　面积不宜过大，以1.5～3亩为宜，水深1.5米以上。灌排水方便，能经常保持微流水为最佳。采用人工投喂饵料的方法饲养，放养密度一般为每1000平方米放养3000～4500尾，夏花放养前彻底清塘，严格消毒。

（2）饵料投喂　鳜鱼种的日常饵料要求比较严格，一要活，二要适口，三要无硬刺，四要供应及时。

①投喂量。鳜鱼放养后，应定期抽样测定鳜鱼的生长速度、成活率及存塘量，并以此为依据，同时参考气温变化等因素，以池养鳜鱼总重的5%～10%为投饵量，计算投放饵料鱼的数量。也可检查鳜鱼池中剩余饵料鱼密度，在将要吃完的前2～3天，补充投放对鳜鱼平均规格适口（为鳜鱼体长1/3～1/2）的饵料鱼量，在投喂的饵料鱼总量中，要将规格不同的饵料鱼进行配比，以便生长速度不一的鳜鱼选择适口饵料。

②投喂间隔。饵料鱼以5天一投为好，因为投放后2～3天内，饵料鱼的活动比较迟钝，有利于鳜鱼捕食。时间间隔太长，易造成鳜鱼捕

食困难和增加体能消耗，导致需投放更多的饵料鱼，增大池中溶氧消耗。

③饵料鱼的解决途径。培育鳜鱼种的突出问题就是需要大量的饵料鱼，通常解决的渠道有四个：

a. 原池培育。利用鳜鱼鱼种原池培育，可解决鳜鱼种培育初期的饵料。方法是在放养鳜鱼夏花前 10～15 天，先分批放入鲂、鲢、草鱼等鱼苗，每平方米放养密度为 300～500 尾，以肥水发塘，并每天泼洒豆浆，当饵料鱼规格长至 1.5 厘米左右时，正好为鳜鱼夏花下塘时的适口饵料。

b. 配备饵料鱼培育池。以 1：1～1：2 准备饵料鱼培育池，放养易繁殖、易捕获、鳜鱼又喜食的白鲫、团头鲂、鲢和鳙等种类。每1000 平方米放养 7.5 万尾夏花，其他混养的夏花鱼种按常规放养量投放。然后以分期拉网、少量多次为原则，将适口规格鱼种筛出投喂给鳜鱼。一般每半个月拉网 1 次，每次 10～20 千克为宜，10 月上旬后不再拉网，最后一次可多捕出一些，保证鳜鱼有充足饵料，又使饵料池中的鱼种后期生长良好。

c. 培育小规格的家鱼鱼种。有计划地在 1 龄家鱼种培育中适当加大放养密度，在不同时期分批留大捕小取出一定数量的小规格鱼种喂鳜鱼。此法既可保证鳜鱼饵料供应，又可充分利用鱼池，提高鱼种池的效率。

d. 利用野杂鱼。此法可在不增成本的情况下收获鳜鱼，提高池塘效益。

（3）日常管理　坚持每天早、中、晚各巡塘 1 次，观察鱼类活动、摄食等情况，并定时测定水温、pH 值，做好记录。初期池塘水位应浅一些，以 50～70 厘米水深为好，因为这时鱼体较小，活动能力较弱，而低水位有利于提高池水温度，相对增加饵料鱼的密度，经过若干天生长以后，采取分期注水的方法，逐步提高池塘水位，以增加水中溶氧量和鱼的活动空间。一般每周注新水 2 次，每 2 周换水 1 次，保持水质清新，透明度在 40 厘米左右，注水次数和注水

量应根据实际情况而定。鳜鱼对酸性水质十分敏感，所以应每隔一段时间施生石灰水调节 pH 值。鳜鱼不耐低氧，最好配备增氧机，天气闷热时，坚持中午开机 1 小时，凌晨 2：00～5：00 时开机 2 小时左右，保证水体溶氧充足是提高鳜鱼种生长率和成活率的重要措施。在培育过程中，还必须定期泼洒药物，做好灭菌杀虫工作。

（4）鳜鱼种的并塘越冬 秋末冬初，水温降至 10℃ 左右时，即可开始并塘。并塘的目的主要是把不同规格的鳜鱼种进行分类、计数囤养，以便销售或者放养，通过并塘，全面了解当年的鱼种生产情况，总结经验教训，提出下年度的生产计划，并腾出鱼池及时清整，为翌年生产做好准备。

鱼种并塘时应注意以下几点：一是一般在水温 10℃ 左右的晴天进行。水温偏高，鱼类活动能力强，耗氧大，操作过程中鱼体易受伤；水温过低如冰冻和下雪天则不宜并塘，以免冻伤死亡。二是拉网前半个月应逐渐控制池塘中饵料鱼类的数量，拉网、捕鱼、选鱼、运输等操作应小心细致，避免鱼体受伤。成鱼池（或者亲鱼池）套养的鳜鱼种可随成鱼的捕捞（或者亲鱼池清塘）而及时并塘，在拉网时应特别注意防止缺氧造成鳜鱼种的死亡。三是选择背风向阳，面积 1.5～3 亩，水深在 2.0 米以上的鱼池作为越冬池。规格 10～15 厘米的鳜鱼种每亩可囤养 3000～5000 尾。

鳜鱼种并塘后仍应加强管理，使水质保持一定的肥度，并在塘中投放一定数量的饵料鱼。长江以北，严冬冰封季节长，还应采取增氧措施，防止鱼种池缺氧。

2. 其他培育方式

（1）套养　包括成鱼池和亲鱼池套养。放养时间一般在每年 6～7 月，套养 2.5～3.5 厘米规格的鳜鱼夏花，每 100 平方米放养密度为 40～70 尾，套养池一般不需专门投饵，利用原池中野杂鱼即可。因而在夏花放养前，应对池塘野杂鱼的数量和大小做一次调查，如果塘内野杂鱼数量较多，则放养量可适当加大。在饲养过程中，必须注意三点：一是套养池内不宜再套养其他鱼类夏花鱼种，以免被其吞食；二是鳜鱼对药物较为敏感，故使用鱼药时，要有选择，并精确计算药物用量，尤其在高温季节，更要谨慎用药，通常只用低剂量或者不使用；三是鳜鱼易发生缺氧浮头，故水质不宜过肥，特别是以肥水鱼为主的成鱼池更要注意。因此，定期加注新水、保持池水清新、保持高溶氧量也是套养成功的关键之一。

（2）拦养　利用小河沟中野杂鱼较多、水质溶氧条件优越等特点，在小型河沟网拦一段水面，放养一定数量的鳜鱼夏花，一般每 100 平方米放养 30～50 尾。

（3）网箱饲养　网箱大小以 50～100 平方米为宜，网目规格应根据鳜鱼夏花规格和饵料鱼大小而定。设置地点要求避风、向阳，水面宽阔，有一定微流水。网箱的箱底距水底至少在 0.5 米以上。放养密度为每平方米 20～40 尾。

以上方式的饲养管理与专池培育相似。

三、池塘条件

鳜养殖池塘要求的条件比常规鱼饲养池要高，主要要求是水源水质好、面积和水深适宜、淤泥较少等，良好的养鳜池塘应具备以下几方面的条件：

1. 水源和水质　池塘水源充足，水源的水质良好，溶氧量较高

（DO 大于 4 毫克/升），无污染，不含有毒物质，注排水要方便。

2. **面积和水深** 单养鳜池面积不宜过大，小池塘养鳜效果较好，这样有利于提高饵料鱼的密度，增加鳜捕食机会，减少其体能消耗，提高鳜生长速度。面积一般为 7.5～10.5 亩、水深以 1.5～2.5 米为好，具体视饵料鱼品种确定，以廉价鲢、鳙鱼种为饵料鱼时，宜选浅塘，因为鲢、鳙均为上层鱼类，特别是鲢鱼游动十分迅速，塘浅一点利于鳜鱼捕食；以底栖鱼类作为饵料鱼时，池塘可深一些，池塘坡比为 1：1.5～1：2.5。塘底向排水口处要有一定的倾斜度，便于干塘捉鱼，塘内最好培植少量水草，有利于鳜栖息和捕食。

3. **形状和周围环境** 池塘形状应整齐有规则，最好呈东西向的长方形，这样既便于饲养管理，又能接受较长时间的日照，且注水时较易造成全池水的流转，当池鱼浮头时便于解救。

池塘周围不宜有高大树木和种植高秆作物，以免阻挡阳光照射和风力吹动，影响浮游植物的光合作用和气流对水面的作用，从而影响池塘溶氧量的提高。

4. **池塘底质的改良** 养鳜池塘要求淤泥较少、淤泥深度在 20 厘米以下。除新开池塘外，其他池塘经过一定时期的养鱼后，因死亡的生物体、鱼的粪便、残剩饵料等不断积累，加上泥沙混合，池底逐渐会积存一定厚度的淤泥，对鳜鱼养殖弊多利少。因此，每年冬季或者鱼种放养前必须干池清除过多的淤泥，并让池底日晒和冰冻，改良底质。最好用生石灰清塘，一方面杀灭潜藏和繁生于淤泥中的鱼类寄生虫和致病菌，另一方面有利于提高池水的碱度和硬度，增加缓冲能力。

5. **机电配套** 随着鳜鱼养殖技术不断完善和成熟，根据高密度集约化饲养鳜鱼的要求进行规模人工配合饲料养鳜，必须根据生产水平和规模相应配套好增氧设备和饲料加工设备及其他机电设备，既有利于生产水平的提高，又有利于推进鳜鱼养殖向工厂化、产业化生产发展。

四、成鱼养殖

近年，我国成鳜养殖发展迅速，主要以池塘养殖为主，养殖形式有专养、混（套）养和轮养等。

（一）专养

池塘专养鳜鱼分夏花当年直接养成商品鱼和 1 龄鱼种养成商品鱼。

1. **鳜夏花当年养成商品鱼**　利用鳜鱼夏花（或者稍大规格）直接养成商品鱼，是目前普遍推广的一种养殖形式，这种养殖形式需投喂充足的饵料鱼，单位产量较高。

（1）**鱼种放养**　为保证养殖成活率，放养规格必须在 3 厘米以上，一般每亩放养 3～4 厘米鳜鱼种 1000～1700 尾。

（2）**饵料鱼来源**　池塘单养鳜鱼，密度较高，需饵量大，一般可以通过养成池培育、配养池饲养、自然水域捕捞和购买等途径加以解决。

①养成池培育。前期饵料鱼培育，需在鳜鱼种放养前 15～20 天进行，利用这段时间在池塘中培育前期饵料鱼。投放饵料鱼 50 万～80 万尾/亩，以供鳜鱼前期摄食；为了降低饵料鱼成本，可考虑在鳜鱼池中混养一些繁殖快的饵料鱼亲本，在条件许可的情况下，如每亩适时放罗非鱼 200～400 对或者 2 龄鲫 500 尾，使其繁殖的后代作为活饵料鱼供鳜取食；也可用适度规格的稀网将池塘隔成两部分，一边养鳜鱼一边养饵料鱼亲本，使其繁殖的幼鱼穿过稀网成为鳜的食饵。饵料鱼亲本培育最好采用强化培育方法，以促进亲体的性腺

发育，增加产卵量，提高孵化率，为鳜源源不断地提供适口饵料，促进鳜的生长，从而获得比较理想的养殖效果。

②配养池培育。规模养鳜，其饵料鱼的解决途径主要来源于专池培育。15 亩鳜鱼单养池需配备 45～68 亩饵料鱼池，分批起捕，按需拉疏，保证饵料鱼与鳜鱼同步生长。对饵料鱼的生长及规格，应通过调整密度和投饲量来加以控制。

③自然水域捕捞。如鳜鱼养殖场址靠近湖泊、水库等大水面水域，有丰富的饵料鱼资源，可加以充分利用，作为饵料鱼补充来源。

④购买。饵料鱼生产中，如遇发花率低、病害或者灾害性天气等情况，应及时组织购买，确保饵料鱼供应的连续性，避免影响鳜鱼养殖。

（3）饵料投喂　投喂次数一般应根据水温、鳜池饵料鱼密度和生长速度、天气等灵活掌握。在水温较高、鳜鱼快速生长时，最好每天投喂 1 次。9 月以后水温下降，鳜鱼生长速度减慢，摄食减少，此后可以 5～7 天或者半个月投喂 1 次，投喂量以维持水体内一定的饵料鱼密度、增加鳜鱼的捕食机会为原则。为了保证投喂的饵料鱼规格适宜，应使投喂的饵料鱼规格为鳜体长的 30％～59％，同时要经常检查鳜鱼的摄食和生长情况，并兼顾鳜鱼生长的差异。投饵料鱼时应适量搭配不同规格的饵料鱼，确保饵料充足、适口。所投饵料鱼必须先进行消毒。

（4）水质控制　鳜鱼专养池，由于放养密度高，投饵量较多，残饵和大量粪便对池塘水质影响较大，除要求池塘进排水系统良好、定期更换池水，整个饲养过程中水体溶氧最低保持在 4 毫克/升以上外，还需在鳜鱼专养池中配备增氧机，春末和夏季每天 12～15 时开机增氧，如遇特殊天气，可从下半夜开机至太阳出。开机时间视具体情况确定，并定期泼洒石灰水调控水质，其他管理措施与家鱼养殖基本相同。

2.1龄鳜鱼种养成商品鱼 鳜鱼一般2冬龄达到商品鱼规格。在天然水域或者池塘养殖条件下，1龄鳜鱼也能达到商品规格，这与气候条件、饲养方法等关系密切。我国南方地区气候较暖，鳜鱼生长期长，养鳜周期相应较短。但各地对鱼种规格的要求和养殖周期的确定，是根据多方面的因素决定的。生产上常用大规格1龄鳜鱼种，第二年养成商品鳜。

（1）放养前准备 鱼种放养前，要认真清整池塘，挖去过多的污泥，整修好池埂池坡，检修好进排水系统，并对池塘进行药物消毒，杀灭有害细菌和寄生虫。清塘可用漂白粉、强氯精和灭虫灵等药物进行，但以生石灰为好，带水（水深1米）清塘，每亩用量为120～150千克，方法是将生石灰用少量水化开后趁热全池泼洒，待药性消失后，即可进行放养。

（2）鱼种放养 以放养规格较为整齐的（50～100克/尾）鳜鱼种为好。一般每亩放养500～700尾，宜在水温较低（5～6℃）的季节放养。此时，鳜的活动能力较弱，易捕捞，在操作中受伤程度小，可减少饲养期的发病和死亡率。同时，提早放养也可以提早开食，延长生长期。鱼种放养也应在晴天进行，严寒、风雪天气不宜放养，以免鱼种在捕捞和搬运中被冻伤或者冻死。鱼种下塘前应坚持严格消毒。

（3）饵料 鳜鱼种放养前，应先在池塘中放养一定数量的家鱼种或者野杂鱼类，其规格不超过鳜鱼种长度的60%或者更小一些。3月以后应向池中投放鳜种重量的5～6倍的适口饵料鱼，鲢、鳙、鲂、鲤、鲫等均可，2～3个月内可不再投喂，但应定期检查鳜鱼吃食情况。6月以后，是鳜鱼吃食、生长的旺季，应每天或者3～5天投喂1次大规格的饵料鱼，以满足鳜鱼生长的需要。

（4）管理 饲养鳜鱼成鱼与饲养家鱼一样，同样应该加强日常管理，要有专人负责。且随着水温的升高，鳜鱼长大，应分期加注

新水。一般春季和秋季每10～20天加水1次，每次加水30～40厘米。夏季勤换水，5～7天换水1次，如能保持微流水，则养殖效果更佳。同时应做好巡塘、防病等工作。

（二）池塘套养

成鳜的套养主要有成鱼池套养和亲鱼池套养两种方式。套养鳜鱼时，必须控制其规格，以避免危害主养鱼类为原则（所放主养鱼种最小规格应比鳜鱼种大1.5倍以上）。一般每亩放养3～5厘米的鳜鱼40～50尾或者10～16厘米的鳜鱼16～20尾。具体放养量可视塘内野杂鱼的多少而增减，以既充分利用野杂鱼又无需增加投饵为前提。靠近江湖有条件的池塘可经常灌江纳苗，引进野杂鱼供鳜鱼食用。混养池塘不宜再放养鲢、鳙等夏花，因鳜鱼生长速度快，会吞食小规格家鱼种。由于鳜鱼对溶氧要求比家鱼高，因此混养塘水质不宜过肥，要定期注入新水，鳜鱼对有些药物比较敏感，施药时应特别慎重。

五、饵料鱼及投喂

（一）饵料鱼配套方案

养鳜成功主要取决于两个条件：一是要有优质的水，二是要有优质的饵料鱼。要求饵料鱼体形长，背鳍、臀鳍、胸鳍无硬棘，大小适口，饵料鱼体长为鳜鱼的50%以下。

因需要人工繁殖大批量的鲢、鳙、鲮等鱼苗作为鳜鱼的饵料鱼，而有些水产养殖场计划不周，故而在鳜鱼养殖过程中难免出现饵料鱼短缺，饵料鱼个体过大、不适口等情况，进而导致鳜鱼养殖的失败。因此，必须根据鳜鱼养殖规模的大小，预先对全年各个饲养阶段所需饵料鱼的数量和规格制订周密、细致的生产计划和具体实施方案，以保证饵料鱼数量充足、体质健壮、规格适口、供应及时。

全年所需饵料鱼重量的概算方法为：计划出售时商品鳜的个体重量，减去放养时鳜鱼种的个体重量，得出每尾鳜鱼在饲养过程中新增加的个体重，然后乘以放养时鳜鱼种的总尾数，乘以鳜鱼种饲养的成活率（90%～95%），再乘以饵料系数（4～5），即得出全年所需饵料鱼的重量。

（二）投饵技术

1. 投饵时间　在天然水域中，野生鳜鱼的摄食高峰出现在清晨和傍晚，鳜鱼的眼睛适合夜视，因此鳜鱼摄食活动主要在夜晚。具体投饵时间为上午日升之前、下午日落之后，并且下午的投饵量应超过上午投饵量的2倍以上。

2. 投饵量　投饵量的多少随着水温的高低而变化。一般规律是春少、夏多、秋渐减。在不同的水温条件下，鳜鱼的摄食率是不同的。对当年的鳜鱼经过检测得知：6～7月摄食率为20%～30%，8～9月摄食率为20%～15%，10～11月摄食率为10%～5%。在冬季的低温期，鳜鱼不停食，仍要少量摄食。测出摄食率后，就可确定投饵量（鳜鱼总体重乘以摄食率等于投饵量）。

3. 饵料鱼规格　合理的饵料鱼规格，既要求便于鳜鱼的猎捕和吞食，又要求饵料鱼不能太小。因为在满足鳜鱼饱食的情况下，小规格饵料鱼所消耗的数量较之大规格的饵料鱼要多得多。这不仅是不经济的，而且还会导致鳜鱼频繁捕食，消耗更多的体能。根据实践经验，在成鳜饲养阶段，鲢、鳙鱼种作为饵料鱼时的规格以体长占鳜鱼体长的50%左右为宜。

4. 投饵环境　鳜鱼虽是以鱼虾为食的凶猛肉食性鱼类，但却生性十分胆小，对于意外的干扰甚为敏感，不良的刺激会严重影响其摄食，所以要尽量保持养殖环境的安静。

5. 投饵顺序　鳜鱼不仅喜吃活饵，而且对饵料的选择性也是很强的。鳜鱼不论大小，都喜欢吃长棒状、无硬棘、个体相对较小的饵料鱼，因这样的饵料鱼适合整体吞食。另外，鳜鱼虽鱼虾皆吃，但更喜欢摄食鱼类，所以若毫无顺序地将各种饵料鱼一起投喂，则会出现个体较大的鳜鱼，由于抢食能力强，将小型的、易吞的鱼吃尽，剩下个体小的鳜鱼不易吞食的大鱼虾。这样时间一长，势必造成鳜鱼个体大小两极分化。即大的抢食能力强，越来越大；小的吃不到适口饵料，越饿越瘦。因此，投饵时要注意先投虾类，后投鱼类。鱼类中，先投喂个体大的、体形宽的鱼类，如鳊、鲂、鲤、鲫、鲢、鳙；后投喂个体小的、体形长的鱼类，如鲹、麦穗鱼、缎虎鱼和泥鳅等。

第四节 河 豚 >>>

图 1-6 河豚

河豚（图 1-6），学名河鲀。产于我国，有 9 属 39 种。其中经济价值最高的东方鲀属占 15 种，常为我国食用与养殖的有暗纹东方鲀、弓斑东方鲀、红鳍东方鲀、黄鳍东方鲀、菊黄东方鲀和假睛东方鲀等。目前，人工养殖多以暗纹东方鲀（淡水）和红鳍东方鲀（海水）为主。

河豚营养价值比鳜、对虾、贝类等水产品还高，我国民间早有"拼死吃河豚"的世代传说，表达了对其肉质鲜美的赞叹。河豚肉、河豚毒素均为出口创汇热销产品。河豚养殖的经济效益显著，是我国开发进展特快的名贵鱼类，我国加入世界贸易组织（WTO）后，河豚养殖业也趁着水产业结构调整的契机，正向生态养殖和创建无公害绿色水产品方向发展，前景可观。

一、人工繁殖

1. 亲鱼来源及选择

(1) 来源　目前有两种：一是在繁殖季节从江河或者近海天然水域中捕捉野生亲鱼；二是从人工繁殖的后代中择优选择，并经人工强化培育。

(2) 亲鱼选择　在繁殖季节选购体质健壮、无伤痕、性腺发育良好、体重 700～900 克、3～4 龄个体作为亲鱼。

2. 雌、雄亲鱼鉴别与性腺发育成熟度估测

(1) 雌、雄鉴别　河豚个体性征无特异性，如不能准确鉴别雌、雄，会影响人工繁殖的进行。有一种简易、快速、准确鉴别雌、雄个体的方法，操作如下：手摸腹侧，有两条轮廓明显的条状物，生殖孔较小且呈长圆形，轻微压迫下腹溢出白色精液者为雄鱼；反之，手摸鱼腹侧有一条轮廓不明显的柔软条状物，生殖孔稍大且偏圆形，轻微压迫无精液溢出者为雌鱼。

(2) 性腺发育成熟度估测　由于个体、性别、洄游状况差异，雌、雄鱼性腺发育程度不一，从体形、体态、行为上难以准确鉴别出性腺发育成熟度，也使雌、雄鱼性腺发育难以发育同步。

估测性腺发育成熟度可用下列方法操作：雌性生殖孔变大、微扭、腹部膨大、变软，雄性轻压迫下腹溢出精液量多，则性成熟较好，反之则差。

3. 雌、雄亲鱼搭配　在区分和估测雌雄亲鱼个体后，按雌、雄 1∶2 比例和繁殖出苗计划选购足够量的亲鱼尾数。在亲鱼选配组合时，应将性成熟度和个体大小相近的雌、雄个体配为一组，有利于雌、雄亲鱼性腺同步发育成熟，产出最多受精卵。

4. 亲鱼运送与暂养　亲鱼选购后，立即用专用塑料袋和纸箱或

者泡沫箱快速运至暂养池处。亲鱼装袋时，先加入亲鱼原生活水三四成量，其余加入清水，每袋装 1 尾后充氧扎袋、装箱；运达后将袋放在消毒容器中，待袋内外水温一致时，再让亲鱼慢游入消毒容器，在消毒容器内加入 3％～5％食盐，浸浴 15～20 分钟（暗纹东方鲀）或者 20 毫克/升高锰酸钾溶液浸浴 20～30 分钟（红鳍东方鲀等）。浸浴时间视鱼浴时反应适当增减。消毒后转入水温一致的暂养池。暂养 1～2 天后，可按鱼体重的 3％～5％日投饵量进行饲喂。水体水温控制为 16～18℃的微流水，室内保持微弱光线，第 3 天后水流速适当加快（10 厘米/秒），溶氧量 6 毫克/升以上。红鳍东方鲀需注入盐度为 8～10 的海水。一般暂养时间不宜过长，以避免性腺发育退化。

5. 人工催产及授精

（1）人工催产的目的　人工催产是对性腺发育接近成熟的亲鱼注射性激素进行催熟催产，并调控雌、雄亲鱼同步发情，达到一次性顺产、多产成熟受精卵的目的。

（2）人工催产技术　人工催产效果受到鱼情、节气、气温和暂养时间等因素影响。

在操作上应掌握三项技术原则：一是性激素组合原则。注射任何一种性激素催产远不及两种（含两种）以上性激素组合使用的效果；目前主要使用的性激素是 PG、LRH－A_1（A_2）、HCG、DOM 四种，PG 常为海淡生殖洄游河豚基础性激素，在注射亲体中一般都选用。在确定不同亲鱼组合所用性激素种类和总量后也要确定每针注射药物组合。二是催产序进原则。催熟催产应遵循生理发育规律，在注射剂量和药效间隔时间上都要循序推进。注射剂量过高、时间过急，往往导致"欲速则不达"，产生催产不催熟的后果，过缓则会错过卵巢发育适期，精卵退化，因此过急、过缓都不能产生足够的良好受精卵。如需注射三针，分段目标应是第一针稳定和启动性腺发育，第二针催熟，第三针催产。三是雄性注射量减半原则。雄性性腺对性激素药物反应较敏感，雄性注入剂量是雌性注射量的1/2即可达到同步成熟发情的效果。由于河豚对催产药剂的反应较慢，在每针注射后视鱼

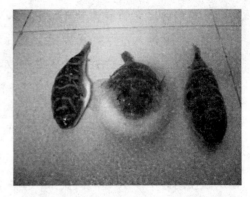

体、鱼态、行为的实际情况，有时也须调整药剂组合、剂量、针数以达到最佳状态。现将人工催产成功的部分实例摘录于表1-1。

表1-1　河豚人工催产使用药物与剂量的成功实例

河豚名称		PG （毫克/千克）	LRH-A$_1$（A$_2$） （微克/千克）	HCG （国际单位/千克）	DOM （毫克/千克）
暗纹东方鲀	1	2～6	50～90		
	2	4～6	15	1 000～1 200	
	3	8	150		
	4	4	15		
	5	4～8	10～15		2～5
红鳍东方鲀			50	1 500	

（3）人工授精

①人工授精最佳时间。当亲鱼在行动上表现为静留池底、迟缓游动、不爱摄食，有时略有追逐现象，雌鱼生殖孔红润、放大，腹部柔软肥大，雄鱼有溢精（液）现象时，即为人工授精最佳时间，应迅速用布夹将亲鱼取出，准备授精。

②人工授精方法。准备干洁毛巾数条，无水渍洁净受精盆（搪瓷盆）数只，布夹数只，鱼生理盐水数支，脱黏液1桶（取滑石粉溶液的上清液），消毒过的鹅（鸡）翅毛数支，操作手3人。授精操

作：采取干法授精。暗纹东方鲀人工授精需三人配合操作，第一操作手托起受精盆，盆内加入少许鱼生理盐水，第二、第三操作手分别用鱼布夹将雌雄鱼从水中迅速取出，用毛巾擦干鱼体和生殖孔，蒙住头部（注意切勿捂嘴，以防窒息），一手托住鱼背部，腹向下，另一手缓缓推挤后腹部，使卵与精同时顺利流入受精盆内，第一操作手立即用鹅（鸡）翅毛不断将精液与卵搅匀，随后加入适量清水，并不停地晃动受精盆1分钟，再将受精卵倒入脱黏液盆内，慢慢搅动，使受精卵充分脱黏后倾出脱黏液，然后用清水洗涤，直至水清为止。红鳍东方鲀要让精把卵全部覆盖，均匀搅拌5～10分钟，再静置1～2分钟后，加水洗卵，至受精卵不粘盆，即可缓缓放入孵化桶（箱）内进行孵化。

6.孵化培育

（1）孵化设施　孵化室内应有净水（水质达标）、调控水温、增氧、照明、进排水管道等设施，以及孵化桶（或者孵化网箱）数台（依受精卵孵化量定数量）、玻璃吸管数支、普通显微镜1台、培养皿及载玻片数块。孵化前应对孵化用的一切器具消毒洗净（20毫克/升浓度的高锰酸钾溶液浸泡20～30分钟）。

（2）孵化条件与管理

①受精卵入孵化桶（箱）。受精卵脱黏洗净后，将受精盆慢慢倾斜沉入桶内水面下，使受精卵缓缓溢出，流入桶内水中，然后取出空盆。

②水温水流。受精卵稳定在水温18～20℃充气流水条件下进行孵化为最好；水流速能冲散受精卵，不使其沉底即可；受精卵快出苗时水流要相应调小，免使其受流水冲击；亦可静水充氧孵化。

③水质。水质要经净化处理，溶氧量在 4～6 毫克/升，红鳍东方鲀受精卵孵化所用海水盐度为 8～10。

④光照。不可直接进行日照，室内照度保持在 500～1000 勒克斯。

⑤剔除霉卵。在孵化过程中发现水霉粘连受精卵现象，应及时用吸管将黏卵轻轻吹干，吸除霉卵，若霉卵较多时，应用 2%～5% 食盐水或者用 20 毫克/升浓度的高锰酸钾静水浸浴 10～15 分钟，随后进行流水冲洗，直至水质恢复正常。

⑥镜检。在孵化期间每天取卵样和孵化桶内水样镜检。观察受精卵发育进展和水中有无危害性生物，以便及时处理。

⑦调控室内温度。室内保持一定温度。孵化前期天气较冷，注意保温。孵化后期气温转暖，室内温度可能过高，应注意通气散热；室内水池等要定期洗刷和消毒。

⑧卵与苗分开培育。水温稳定在 20℃ 和其他条件正常的情况下，一般 7～8 天即可孵化出苗，出苗要延续数日才能出齐。要不断把孵化出来的仔苗带水撇出，移到另一个孵化桶内与继续孵化的受精卵分开培育。

二、苗种培育

苗种培育从鱼的发育阶段上可分为鱼苗培育阶段与鱼种培育阶段，从生产管理阶段上分入池前（培育池）培育与入池后培育。

（一）鱼苗培育

鱼苗培育根据鱼苗营养源的不同与消化系统器官的完善程度，分内源营养期、内外源营养转换期和外源营养始期。

1. 内源营养期　刚孵化出膜的幼鱼，鱼龄 1～3 天，生育期上为前期仔鱼阶段，体长 2～2.5 毫米，口器与肛门均未发育健全，没有吃食能力，此时生命活动全靠卵黄内源营养能量来维持和完成。这段时间很短，仅有1～3天，在管理上无需投喂，只要保持稳定的水温和充氧微流水，到2日龄后调小流速，减少体耗，还要保持合理密度。

2. 内外源营养转换期　鱼龄3～8天，生育期上为后期仔鱼阶段，体长3～8毫米，口器开始能开合，肠管与肛门彼此相通，已有进食要求和需要，但消化系统各器官、颚齿、味蕾还未发育健全，此时除内源营养外还需补充一些外源营养来维持和完成生命活动，并以吞食方式摄取外源营养（小个体、活生物饵料）。

3. 培育管理

（1）定时投饵　每天投喂小个体轮虫、贝类、受精卵和幼体等最适开口饵料4～6次，水体保持每毫升有8～10个幼体，食后每毫升有幼体残体2～3个为宜。亦可用黄豆浆加熟蛋黄，经搅碎筛绢滤液泼喂，每隔3～4小时泼喂1次，喂量以吃完为佳。以后随鱼体大小和气候、水质等因素的变化进行增减。

（2）充氧流水　保持19～20℃的稳定水温，充氧缓流水。

（3）分苗稀养　若鱼苗个体大小差异较大，密度增大，应及时分苗稀养。

（4）定期消毒　消毒时使孵化桶处于静水充氧状态，以浓度12毫克/升福尔马林（甲醛）浸浴15～20分钟后，再转为缓流水，逐渐冲洗药剂，恢复正常水质状态。网箱培育要先将鱼捞放在盆内消毒并洗刷池、网，更换新鲜净水，恢复原状。

（二）鱼种培育

河豚鱼种在养殖上属稚鱼期，鱼日龄已有 10～14 天，个体长大，已有主动捕食能力，抗逆性增强，趋于稳定的生长发育，应转移到室外土池、室内大水泥池、湖泊网箱进行培育，这样有利于管理，成活率较高，能取得最佳经济效益。

1. 培育条件

（1）温室培育 温室培育投资大，管理较复杂，不受天气灾害影响，成活率与育肥率较高。

图 1－7　暗纹东方鲀

① 水泥池要求。建立温室应选择阳光充足、地势较高、水源丰富、水质好、交通运输便利的地方；建造池型有长方形、方形和圆形，池四角成椭圆形，底部与四壁抹平压光，池有独立灌排水管道与进出水口、水标尺；池面积以便于管理为原则，一般小池面积为 50～60 平方米、池深 1.5 米，大池为 200～300 平方米、深 1.5～2 米为宜；与水泥池配套的有水质净化过滤池、蓄水池、调温（均热）池、饵料培养池（单胞藻、轮虫、卤虫、枝角类、桡足类、螺旋藻等培育池）。红鳍东方鲀鱼种还需有制盐水用池。为充分利用设备，以旧池改用和一池多用亦可，如河蟹、对虾、淡水虾养殖水泥池和温室都可改为红鳍东方鲀、暗纹东方鲀鱼种培育之用。

②温室配套设施。增氧、通气、温湿度调控、调光、照明、发电、水质监测、饵料制作、配制药物设备及配套网具。

（2）室外土池培育　土池培育受自然灾害、天气变化影响很大，成活率和产量相对较低、成本较低、管理简便，有利于建立水体生态环境。

①土池的要求。建址应在地势较高、阳光充足、土质保水性好，以及有害元素、盐碱、腐殖质等的理化成分和性质均符合建池的要求，水源充足，水质符合养殖要求，交通运输方便的地方。

建池一般分稚鱼池、幼鱼池和成鱼池。稚鱼池面积为1～2亩、水深1.2～1.5米，幼鱼池为2～4.5亩、水深1.5～2米，有独立排灌系统，池形以长方形为好，池外四周筑有较高（60～70厘米）的围栏隔离危害物。培育红鳍东方鲀的滩涂土池，因海滩差异较大，应根据当地海区滩涂的海水、地形、地质、气象（风、温度）等条件因地制宜规划。

②配套设施。增氧机、气泵及增氧头、抽水泵、电动机、配套网具、饵料制作设备（粉碎设备、研磨设备、打浆机、绞肉机、配置药剂器械以及海水沉淀池）。

（3）网箱培育　网箱培育多为将网箱置于湖泊、水库、江河中以及近浅海湾边，也有些置于大的池塘中。网箱养殖优点较多，水域广阔，水体流动、鲜活，更接近于河豚习性要求的水域生态环境，节省土地资源，网箱设置和面积选择较灵活，设备投资少，管理简便，集约化生产程度高。不过若管理不及时，易受台风、巨浪和鸟害袭击。

①网箱选择与设置。置于湖泊、水库的网箱通常选用定置式网

箱，周围以木桩或者竹篙固定；在淡水湖泊、水库中，设置区应选在风浪较小、水体干净且流速较慢、远离航道的水域区段，水深在 3 米以上，溶氧量在 6 毫克/升左右，透明度在 35 厘米以上，pH 值 7.4～8.6，无污染毒害元素，铵态氮 0～2.5 毫克/升，酚在 0.005 毫克/升以上。

海上网箱选用抗风浪的栈桥式网箱，打桩造栈桥，网箱置于栈桥两侧；网箱设置区应选择在无巨风浪、无赤潮影响、无污染、无大量淡水流入、透明度在 3 米以上、水流速度 10 厘米/秒、全年水温在 10～27℃范围的浅海（近海）区中。

②选择合适的网目规格。均用无结节网制作。淡水养殖河豚的较好网目为：稚鱼—乌仔期用 100 目/平方厘米，乌仔—夏花期用 60 目/平方厘米，夏花—鱼种期用 6 目/平方厘米的网箱为佳。海水养殖河豚的较好网目为：10 厘米以下鱼体用 120～90 节，10～17 厘米鱼体用 20～15 节，17～20 厘米鱼体用 15～17 节（以上均为聚乙烯网），鱼体 22 厘米以上时为确保安全，配合金属网。以上所讲的各种网箱均要有保护盖网。

③配套设施。网箱箱区外围建筑网箔或者竹箔防备大风浪、船舶及水生、海生动物等破坏网箱；作业用的小船及制作饵料的配套设施、消毒用具等。

2. 培育条件的建置

（1）室内温室培育 检查水池有无裂缝、清除池内污物、杀灭潜伏的病菌和水生敌害生物、确保室内一切设施能正常使用。

杀灭池内病菌先要用清水全池洗刷 1～2 次，再用清水冲洗干净，用 20 毫克/升浓度的高锰酸钾溶液或者 10～20 毫克/升浓度的漂白粉溶液全池浸泡 24 小时，排尽药液，清水冲洗干净使其无残药，再注入清水（暗纹东方鲀）或者一定盐度的海水（红鳍东方鲀）即可投放鱼种。

（2）室外土池培育

①整修池塘。排尽塘水，清除淤泥杂物，整平夯实池底、堤壁，填补裂缝、缺口、漏塌，铲除堤壁堤埂杂草，消灭躲藏的有害生物，干塘阳光暴晒数日。

②清塘消毒杀菌。清塘药物可用生石灰、漂白粉、强氯精、灭虫灵、茶粕、鱼藤精等，一般都选用廉价的生石灰清塘，可清除病原菌、敌害生物，预防疾病，澄清池水，增加池底通气条件，稳定水质酸碱度，释放肥水元素，增加钙肥与改善土壤作用。其操作是每亩用 60～75 千克生石灰放入分布全池底部的小坑中，加水溶成石灰浆水，然后将坑中浆水全池泼洒，再将生石灰浆水与泥浆搅匀，增强消毒杀菌的效果。

③施肥（有机肥）培饵。施肥培育生物饵料，既可提供丰富的生物饵料，又可形成部分生态养殖的作用。具体操作是在放养鱼种前 7～10 天，每亩用 100～150 千克发酵好的优质厩肥，分别在池四角水面下堆放，逐日用齿耙将厩肥逐步耙开，使肥与池水交融，培制肥水，培育生物饵料，为鱼种不断提供丰富鲜活的生物饵料。

（3）网箱培育

①消毒灭菌。在使用前将全部网箱、使用工具浸入 10 毫克/升浓度的漂白粉消毒溶液中，浸泡 10～15 分钟，再将其洗净，即可使用。

②浸泡网箱。在投放鱼种或者更换网目前，将网箱及网具在净水中浸泡 10 天，变软后方可使用，以防鱼体被摩擦受伤。

3. 投放鱼种

（1）投放前的准备工作

①反复清除池塘和围栏（网）内一切引发病虫害的生物。

②用密筛绢拦好进排水口，阻止鱼种随水游出和敌害生物入池危害。

③架置增氧设备。投放的鱼种前期个体小，使用增氧机增氧震动冲击过大，不宜启用，需在池塘四周装置增氧设施（增氧气头），使池内随时都能有充足的氧气量。

④工具消毒。用于运输和投放鱼种的一切器具都要认真做好消毒杀菌处理（方法同前）工作。

（2）投放天气选择　室外土池和网箱投放鱼种应选择气温和水温基本稳定、无风晴天、阳光充足、暖和的上午进行。

（3）运送鱼种　运送鱼种应掌握水质水温相近、动作要轻稳的原则。运送工具因路程远近而异。运送距离很近（在本单位范围）以担挑、手推车运送为主，距离较近以车运为主，距离较远以船运、空运为主。车、船运可用帆布桶（预先浸泡软、洗净、光滑不漏水）、活鱼柜，车运用氧气瓶或者气泵充氧，船运用活水船。路程较远的车运（保温车）和空运用充氧袋装鱼种，袋内加入30％容积的鱼种原生活清水（或者海水），以泡沫塑料箱包装运输；长途运输应不停车快速运到，途中不能换水，应在装袋前停食12～24小时，以免排泄物污染袋内水质。充氧袋装运输，需要严格的过滤：暗纹东方鲀鱼种运达目的地后不要马上解袋投放，应将袋放入消毒池中，待袋内外水温基本一致时，再解袋徐徐加入少量池中水，稍后将袋斜入池水中，让鱼种和水一齐慢慢倾入池内。消毒剂通常选用符合健康养殖标准的安全可靠、便于农村购买的廉价食盐，配制为3％～5％浓度，浸浴10～15分钟，随后将鱼种转放到水温相同的培育池中或者网箱内进行培育。红鳍东方鲀鱼种运达目的地后，先将袋解开，连鱼带水缓缓倒入另一容器内，并同时充氧和慢慢加入新鲜等温等盐度的海水，每隔15分钟加一次含盐量10％左右的海水，一般需2小时过渡，过渡时间不宜过短。本单位自育小鱼，运送路程很近，用水桶担运时，桶内水温、小鱼原先所在水体的水温和移入新池的水温，三者需要调整到基本一致。鱼种过数后，将盛鱼种的容器倾斜入水桶内的水面之下，让鱼游入桶内后，再将容器倾斜取出，切不可将鱼直接倒入水桶；随后加入 10 毫克/升浓度的高锰酸钾溶液对鱼体药浴消毒杀菌，药浴时间与运达时间相当。运达塘边后，将水桶平稳地递给池水中的投放人员，投放人员接稳后将水桶沉入池水水面之下，再倾斜水桶，让鱼徐徐游入池水后，再将水桶慢慢倾倒提出水面。投放人员在水中尽量少移动，以免搅浑水，呛伤小鱼。投放点应处在池塘的上风。

（4）投放密度 养殖密度是健康养殖的重要因素。养殖密度的确定受到鱼种规格、养殖环境、饲养质量、管理水平等因素制约，目前一般条件下，投放密度见表1-2。

表 1-2 河豚鱼种培育投放密度

品　　　种	生育期	温室水泥池（尾/平方米）	室外土池（尾/亩）	网箱（尾/立方米）
暗纹东方鲀	稚鱼	150~200	4700~8000	10~15
	幼鱼	30~50	2000~3300	5~10
红鳍东方鲀	稚鱼（5厘米长）			8~14
	幼鱼（30厘米长）		800~1000	30

4. 饲养管理 现在河豚人工养殖成活率与产量还不高，且不稳定，其重要原因之一是对其生物学特性、生长规律未能很好地掌握，使饲养管理偏离了这些规律。我国加入 WTO 后，一直努力适应世界潮流，转变养殖观念，按 WTO 市场经济运行规则改革饲养管理技术，创造质量型渔业，产出无公害安全健康水产品。

（1）按规律饲喂

①饲喂原则。一是注重全年均衡营养饲喂，切忌断食暴食。二是抓住最适生长时期（太湖地区 8 月上旬至 9 月上旬）强化营养质

量，达到最大增产效益。三是选择和投喂营养平衡、转化率高、产出废物少、饵料系数控制在1～1.7的沉性颗粒饵料。

②饲喂操作。投放最初几天，会出现短暂的适应期，可维持几天原投喂饵料（小轮虫、蛋黄豆浆）、饵量和投喂方式。鱼日龄14天后的稚鱼期是暗纹东方鲀对适口饵料第二次选择期，适口饵料转喂枝角类、桡足类等浮游生物，为避免个体间相残食性的发生，应适当增喂人工饵料，日投量为鱼体重10%～15%，每天投喂2～4次。在水中设置食台，进行定位、定时、定量驯化。鲀鱼28～30日龄后进入幼鱼期，对适口饵料开始第三次选择，即由天然饵料转为人工饵料饲喂，并对所含成分与含量加以选择。目前，还未有河豚专用的人工饵料，需要精心自制或者精选代用饵料。饵料比较研究结果表明，以肉糜（贝、蚬、虾、鱼、蟹拌和）与麸粉（3∶1）加少量营养素混合为最佳饵料，或者选用鳗鱼、甲鱼饲料按一定比例混合，再加一定量的蔬菜、蚌肉或者混合糜（要灭菌后混合）；投喂量一般为鱼体重的3%～5%（随鱼体增重，投饵率也酌情减少），每天3～4次，上午7～8时，傍晚18～20时完成投饵。

(2) 按水质指标定期更换新水 河豚对水质理化因子变动较为敏感，忍耐力较脆弱，水质变化直接影响鱼种生长发育、成活率、鱼病发生频率和严重程度。定期换水控制水质是把水质理化因子维持在对河豚无"胁迫反应"的范围之内的关键技术措施，也是对河豚进行健康养殖生态管理的基础之一。

养殖水域的水色、水生生物反应、水质检测指标是确定换水时间与水量的科学依据。

温室水泥池、室外土池在投放初期要逐渐加入新鲜水，以保持良好的水质，达到一定水位后因鱼种排泄物、未食完的饵料和外源性的污染物在水环境中的积累导致水质变坏，须勤注水、勤换水，一般所换新水量为水体的1/5，可基本保持鲜活的养殖水质。红鳍东方鲀池塘换水时，根据各地水源、养殖池水质的具体情况掌握换水时间和换水量，一般要求半个月换水1次。在混水海区需要准备沉淀好的海水供换水用。

网箱培育时为保持网箱内水流通畅、水质鲜活，要定期清除网箱上钩挂的杂物，滋生的青苔、寄生生物。红鳍东方鲀网箱培育为便于海上操作，通常进行定期换网（7～15天换网1次），彻底清除网上附着物。

水体中溶氧量是引起鱼种"胁迫反应"的敏感因子之一。在池养中水体溶氧量应在6毫克/升以上，溶氧量低于3毫克/升时鱼群即会出现浮头，也易出现低溶氧综合征的应激，使鱼种生长速度下降、组织受损。溶氧量低于2毫克/升会产生严重缺氧死亡。

一般在前半夜、凌晨、闷热天气气压较低，都是导致鱼种缺氧浮头的危险时刻，需启动增氧机设施增加水体溶氧量。

及时清除池塘水面杂物、泼浆浆膜也是维护水体水质和清晰透光，减少引起鱼群"胁迫反应"不可少的管理措施。

（3）按合理密度要求疏稀分池　投放初期鱼的个体小，密度较高，个体长大后，大小分化明显，摄食能力差异大，相互蚕食现象出现，应及时运用疏稀和按规格分级分池（箱）放养技术措施，不断调整，达到新的合理密度，维持健康养殖的要求。

一般稚鱼期疏稀1次，幼鱼期疏稀1～2次，保持池中鱼群的合理密度。疏稀、分级操作时应带水作业，选用泡软的无结节网具进行。

网箱培育在疏稀、分级分箱的同时要更换网目，调节网箱入水深度，以保持鱼群在网箱内有一定水层活动空间和满足鱼群对水流速、溶氧量及水体生态因素的需要。暗纹东方鲀小规格鱼种网箱入水0.5～0.7米，大规格鱼种网箱入水深度1～1.5米，遇风浪和水体变化时（洪汛等）应及时调整网箱出水高度，防御灾袭。红鳍东

方鲀在鱼种剪牙前分箱 2~3 次以上，换箱时间还须结合海区水质和水温状况确定，通常 7~15 天换箱 1 次。

（4）按健康养殖要求进行日常管理

①自制饵料投喂。每天按食谱要求自制新鲜饵料，定时、定位（食台）、定质、定量投喂饵料，并根据鱼情、天气、水温变化及时调整饵料成分和喂食量与次数。

②定时增氧换水。每天吸污（残饵、排泄物），定时（凌晨、中午、傍晚、前半夜、气压降低）开机增氧，定期排注换水，保持鲜活水质。

③监控温室因子变化。每天按温室饲养要求监控温湿度、阳光强度、照明、通风等指标，保证室内良好的生态养殖环境。

④定期消毒杀菌。适时对鱼体、培育池消毒杀菌，消除病菌，隔离诊治重病鱼，避免病菌蔓延。及时对饵料加工工具、部分原料清洗消毒，喂后及时清洗和暴晒食台，预防病菌滋生。

⑤认真巡塘观察。每天晨、午、晚、夜四次定时巡视鱼池、网箱、池塘周边；认真记录天气、水温、水色、pH 值、增氧量、吃食情况、注排水情况、鱼群生长变化、病害及危害生物状况、温室因子状况，以提供修正饲养技术措施和及时处理不正常事态的依据。

⑥灾害应急防御。早春常有寒潮、霜冻对土池和网箱的鱼体造成危害，应及时在池塘周边采取防御措施；在台风、暴雨洪汛期适当提高网箱出水高度和进行锚、桩加固，以防箱漂鱼逃；盛夏水温超过 28℃时，应在土池和网箱内增放 1/10~1/4 漂浮水生植物遮阴、降温、避暑，均衡水体日温差。当河豚群体相互致残及咬网严重时，可对上板愈合齿从基部剪除。

三、成鱼养殖

成鱼培育中鱼的个体较大，活动范围扩大，需氧量亦高，放养量应要减少。暗纹东方鲀温室培育密度为 5～8 尾/平方米，土池培育密度大鱼种为 100～200 尾/亩，网箱培育密度大鱼种 2～3 尾/平方米。红鳍东方鲀温室水泥池培育密度大规格鱼种为成鱼 5～10 尾/平方米，网箱培育密度为大鱼种 3～4 尾/平方米。日投饵量为鱼体重 3%～5%（暗纹东方鲀）和 3%～7%（红鳍东方鲀）。此阶段饲料营养与防治病害是关键技术，其他饲养管理与苗种期相同。

值得注意的是，在成鱼饲养阶段，养殖户往往边养边销，不断捕捞惊扰和混水呛鱼，使鱼没有相对稳定的栖息生长的生态环境，不断产生"胁迫反应"，由此造成成鱼培育技术粗放、病害较多、产量不高等后果。应予改进，将销售鱼与继续培育鱼分池放养。

第五节 鳗 鱼 　　　　　　　　　>>>

鳗鱼在分类学上隶属鳗鲡目鳗鲡科，共有 19 种（含亚种），分布于三大洋水域中，在淡水生长，降河洄游到深海产卵孵化，其种类名称和地理分布见表 1－3。

鳗鲡的生活史以欧洲鳗鲡较为清楚，可分为八个阶段：在大西洋的 Sartasso 海出生，幼体呈透明柳叶状，称柳叶鳗。在洋流中向陆地淡水洄游。柳叶鳗变态成为透明的稚鳗。稚鳗进入陆地淡水。稚鳗变态成为黄鳗。黄鳗在江河湖泊中生长。黄鳗最后变态成为银鳗，发育成为雌、雄成体。银鳗从淡水向海洋进行生殖洄游，返回 Sartasso 海，在那里繁殖并死亡。鳗鲡的人工繁殖是世界性难题，我国和日本等国都投入了大量人力和物力进行研究，取得了一定的进展，如日本人工繁殖的鳗苗成活时间已达 250 天，即到柳叶状幼体，但至今还没有完全成功，养殖所需鳗苗还是靠天然人工捕捞。日本鳗仔鳗的溯河期，日本为 10 月中旬至翌年 5 月下旬，盛期在 1 月底至 3 月初，仔鳗一般体长 50～60 毫米。我国台湾 10 月中旬出现仔鳗，盛期在 1～2 月。

表 1-3　世界鳗鲡种类及其地理分布

种　类	水　域	主要分布范围
日本鳗	太平洋北部温带区	中国、日本、韩国
欧洲鳗	大西洋东部	葡萄牙、西班牙、法国、英国、北海、挪威海、波罗的海、地中海、黑海
美洲鳗	大西洋东部	墨西哥湾、美国、加拿大、格陵兰南端
暗色鳗	印度洋东北部	孟加拉湾、印度、斯里兰卡、印度尼西亚西部、安达曼海、马六甲海
双色鳗	太平洋中部热带区，印度洋西部、东北部	菲律宾、新几内亚、南非、马达加斯加、孟加拉湾、印度、斯里兰卡、印度尼西亚、安达曼海、马六甲海
太平洋双色鳗	太平洋中部热带区	菲律宾、印度尼西亚、新几内亚
云纹唇鳗	印度洋西部	肯尼亚、坦桑尼亚、莫桑比克、马达加斯加
莫双比克鳗	印度洋西部	肯尼亚、坦桑尼亚、莫桑比克、南非、马达加斯加
花鳗	太平洋、印度洋	中国、印度尼西亚、南非、孟加拉湾、印度、斯里兰卡
苏拉威西鳗	太平洋中部热带区	菲律宾、印度尼西亚、新几内亚岛
原鳗鲡	太平洋中部热带区	塔斯马尼亚岛周围
加里曼丹鳗	太平洋中部热带区	印度尼西亚
内唇鳗	太平洋中部热带区	新几内亚岛
灰鳗	太平洋中部热带区	新几内亚岛、所罗门群岛
大口鳗	太平洋中部热带区	斐济岛、所罗门群岛
东澳鳗	太平洋中部热带区	澳大利亚、塔斯马尼亚岛
新澳鳗	太平洋中部热带区	澳大利亚、塔斯马尼亚岛
澳洲鳗	太平洋中部热带区	澳大利亚、新西兰岛、斐济岛、塔斯马尼亚岛
大鳗鲡	太平洋中部热带区	新西兰岛

　　我国广东韩江 11 月底至 12 月初见苗，2 月为最高峰；九龙江、闽江、瓯江一带汛期在 12 月至翌年 3 月间；浙江钱塘江口及江苏、

上海长江口一带汛期为1～5月，高峰期在3月。长江口是我国主要的日本鳗苗产地。

一、苗种培育

鳗种培育分三个阶段：白仔培育，也称一级培育，鳗苗个体0.1～1.1克。黑仔培育，也称二级培育，鳗苗个体1～6克。鳗种培育，也称三级培育，鳗苗个体5～12克。目前鳗种培育在我国已比较成熟，以下介绍朱永生等人在鳗种培育方面的几点做法与体会。

1. 培育池的规格　目前各地所建的鳗种培育池面积60～500平方米大小不等，我们认为应在120～200平方米为宜。考虑到目前各个成鳗场都要求放较大规格的鳗种（100尾/千克左右），部分鱼池建成300平方米也是适用的。面积为120平方米左右的鱼池使用1台0.5～0.75千瓦的增氧机，150～200平方米的鱼池使用1台1.5千瓦的增氧机，白仔苗进池和投喂红虫期间增氧机使用一组叶轮，转喂配合饲料后再装上另一组叶轮，这样水流速度和增氧效果都能符合鳗苗健康生长的要求。

2. 池底的结构　鳗种培育池的池底结构分石子池底和水泥池底。普遍认为石子底的池培育鳗种比水泥底的池好，若培育成400尾/千克的规格，石子底的池比水泥底的池往往提前5天左右培育完成。近两年我们工作的培苗场全部是水泥池底结构，针对部分小苗、弱苗摄食后需要伏底休息的情况，需在池底一角铺设5平方米左右的粗石子，厚度5厘米。几年的实践证明，水泥池底培育鳗种的效果不比石子池底的差，排污、消毒、出苗等操作都很方便。

3. 白仔苗入池与开食　白仔苗入池，关键问题是温差的调整。一般白仔苗在收购和运输过程中温度都控制得比较低，而温室中的池水温度相对来说较高。温差调整从两方面着手，一是降低池水温度，二是逐步升高暂养袋中的水温。不管用单种方法还是几种方法同时使用，暂养的白仔苗日升温应控制在 8℃ 以下。升温过快，鳗苗体色发白，重者在暂养过程中就出现死亡，轻者入池后白仔的死亡损耗增大。白仔苗入池的池水一般配以 0.6％～0.8％ 的食盐，使白仔能比较容易适应环境，同时对水体及白仔因长途运输引发的外伤也起到消毒作用。白仔苗入池的第一天，保持温度、盐度不变，第二天开始换水、加温，逐步降低盐度，提高水温，升温速度每天以不超过 6℃ 为宜，直到池水达到鳗苗生长的最佳水温（日本鳗 29～30℃，欧洲鳗 25～27℃）。在此期间每天都要清除池底的死苗。

　　白仔苗入池后随着水温的升高和时间的推移，黑色素也越来越明显，逐步由白仔转变成黑仔，通过 4～6 天的适应和水温调节就可以开食了。怎样掌握开食的时机？当水温达到养殖所需的最佳水温后看白仔是否都转黑了（98％ 以上），看部分鳗苗是否沿池壁碰来碰去（寻找饵料的表现），如果这些现象都出现了，那么开食的时机就成熟了，否则就要再等 1～2 天。有些人曾提出开食时用红虫磨浆或者剁碎全池泼洒，或者在池的四周倒上红虫，这样做既容易污染水质又浪费了红虫。开食时我们采取每个池使用两个食台，固定使用的一个叫主食台，在主食台的对面临时增加一个叫副食台。第一次开食一般是选择在晚上 7～8 时。开食前先准备好红虫（不要剁碎），停掉增氧机，放下食台，开亮食台上方的电灯，水流减慢后在食台上倒上红虫，在灯光的引诱下鳗苗会逐步集中到食台上摄食红虫，只要把握好开食的时间，第一次摄食率应达到 80％，第二次基本达到 100％。每次投喂结束都要捞清食台上剩余的红虫，把食台提出水面。刚开食的 4～5 天，每天投喂 6 次，以后可转为每天投喂 4 次。

　　4. 转食过程应注意的问题　黑仔的培育过程中投喂红虫比投喂配合饲料生长速度要快一些，但长时间投喂红虫养殖成本会增大。当鳗种的规格达到 600～800 尾/千克且红虫的日投喂量达到鳗种体重的 35%～40%时就可以转食了。有时黑仔的规格达到了上述标准，但红虫的日投喂量达不到标准，也就是说黑仔的胃口还没撑开，应注意调整水温，控制好水质，继续投喂红虫，让黑仔撑大胃口，日投喂量达到或者接近上述标准后再转食。有些培苗场在投喂红虫期间病情难以控制，主要原因是红虫消毒不严，但又无法扭转这一局面，也不得不提前转食。

准备转食的黑仔要停喂一顿红虫，第一次转食也应选择在晚上7～8 时。转食时红虫与饲料的配比为 5：1、3：1、2：1、1：1、0.5：1，红虫用量逐次减少，第六顿起就可全喂饲料了。前三次用手工拌和，将消毒好的红虫和饲料都放在食台边，边拌边喂。如果一次拌好，红虫会很快呛死，放到食台上流出的一股股红水不但污染池水，也流失了营养成分。转食的第四、第五顿因红虫用量少，只起到调味和代替部分水的作用，应直接用搅拌机搅和，把红虫搅碎搅烂，与饲料均匀掺和。刚转食时由于黑仔啃食的能力弱，饲料要拌得烂些，以后逐步减少水的配比。烂到什么程度？有些养殖场搅好的饲料投喂时捧不上手，用勺舀了投喂也未尝不可。从转食开始，每天就只需喂 3 次了。

有些人提出转食要用 3～4 天的时间来完成，这样的做法似乎比较细致，但转食的过程中饲料散失严重，每次投喂后都需要大换水，工作量很大，因此只要达到转变鳗种食性的目的，转食时间不应拖长。用两天的时间完成转食的过程，效果是很好的。

5. **红虫的暂养** 在黑仔鳗的培育阶段，红虫的暂养消毒是关键。黑仔养殖初期的发病，多数是因为吃了不清洁的红虫引起的。红虫暂养场要求通风、阴凉、遮光，长久使用的暂养场地可用混凝土建筑，要求地面平整，砌成 80 厘米宽的分隔，进水端比出水端高 2～3 厘米。临时使用的暂养场地可搭建简易的遮阳棚，地面平整后裁成 80 厘米宽的分隔，铺上塑料薄膜，配上进排水系统就可以使用了。暂养红虫的水应是清洁的水，水温不宜高，10～25℃最适宜，过低的水温会使红虫活动缓慢，腹中的食物长久排不出，过高的水温则使红虫容易死亡。红虫怕碱、怕盐，比较耐酸。新建的水泥暂养场要泡水10天或者用柠檬酸处理后才能使用。在投喂红虫期间可能发生红虫收购延误，在这种情况下宁可停食数顿，也不可投喂不清洁的红虫。暂养时间过长（在10天以上）的红虫，体质弱，营养不足，因此收购红虫要有计划性。

6. 鳗种的包装运输

（1）保证停食的时间　从停食到包装的时间不少于48小时。有些单位因停食时间不足或者包装前感到数量不够，临时从未停食的池中捞取少量鳗种掺和到里面，造成了运输途中的大量死亡。

（2）降温措施要恰当　包装温度的高低是由运输时间长短决定的。包装的温度高，鳗种的活动力强，耗氧多；温度低，鳗种的活动力弱，耗氧少。如果运输的时间短（3～5小时），包装的温度可高一些，可控制在15～18℃，这样的降温幅度不大，温差对鳗种的影响小，入池后恢复快。我们曾在晚上运出鳗种，第二天早晨投喂饵料，效果就比较好。如果运输的时间较长，需要15～20小时，可将包装的温度控制在6～8℃。包装的温度低于4.5℃，鳗种长时间处于休克或者半休克状态，到达目的地升温时往往会出现抽搐现象，大量死亡是在所难免的。降温时应分级降温，每级降温都要在吊水池中停留一段时间，做到鳗种表里温度一致。最后使一级降温的温度与包装水的温度一致。

（3）掌握包装量的多少　以包装箱体积64厘米×33厘米×33厘米、每箱装两袋、运输时间10～15小时为例，包装的规格为400～500尾/千克，鳗种的重量可控制在2.5～3千克。包装的规格较大时，每袋的重量可多一些。如果包装的规格达80～100尾/千克，每袋的重量可控制在4.5～5千克。包装所用水量要恰当，水过

多会增加运费而且减少充氧的空间，水太少了又不能保证水质的基本要求。一般来说若鳗种的规格小，则鳗种与水的重量比为 1：1.5，大规格的鳗种与水的重量比为 1：1 或者小一点，4 月下旬以后北方的鳗种空运到南方，为防止在到达目的地前鳗种升温过早过快，包装箱内两个氧气袋中间加夹一块 0.5 千克左右的冰块。

（4）包装前的消毒处理　为了对成鳗养殖单位负责，鳗种在分级吊水降温时应在吊水池中配以 0.8％的盐水，这样做方便、费用低、效果好。

（5）放鳗种时需要特别注意的事项　长途运输后如发现氧气袋中泡沫太多，说明缺氧，应尽快把鳗种放入池中。另一种情况是温度过低，部分鳗种还处于休克状态，这种情况打开包装箱后，敞开箱盖，慢慢升温，不能马上把包装袋放到鱼池中升温，否则氧气袋内升温很快，鳗种会发生抽搐现象而加大死亡比例。如果有条件，可将这样的鳗种放入水泥池中，先将水泥池冲洗排干，边放鳗种边进水或者用水泵喷水，增加水中溶氧，同时排水，让鳗种在浅微流水中恢复，可大大减少死亡损耗。如果利用网箱放鳗种，网箱要绷平，并不断拉动网箱，以防鳗种在网底积压而窒息死亡。

二、鳗种放养

（一）成鳗养殖鳗种放养前的准备工作

1. 鳗池清整、干塘、晒塘　土池经过一年的养殖，池底堆积许多由残渣污物、死亡的生物体、鱼类粪便、泥土杂质组成的淤泥，淤泥中含有大量的腐殖质，潜伏着大量的致病菌和寄生虫。在气候、水温适宜的时候，腐殖质发生分解，产生和释放大量有机酸、硫化氢等有毒有害气体，同时病菌寄生虫也大量繁殖,在这种水环境下,鳗鱼往往会得病。

因此,投放鳗种前一定要清除塘底过多的淤泥和杂质,同时修平池底,整实塘基,搞好池塘的进排水渠道,保证鳗池水位在1.5～1.8米。这一工作宜在冬天进行。

越冬干塘晒塘有以下好处:清除过多的淤泥,加速腐殖质的矿化,使有机质转化为浮游植物和鳗鱼需要的营养盐;减少病原;改善养殖条件,池塘经过修整,保水性能好,水质易控制。经过几年的实践,上述已得到了充分证明。

2. 鳗池消毒 参照常规四大家鱼养殖池塘消毒方式,采用带水消毒或者干法消毒。

消毒药物一般使用生石灰,它不仅消毒效果好,而且经济实惠。带水消毒每亩水深1米,用生石灰125～150千克;干法消毒每亩用生石灰75～150千克,全池均匀泼洒,生石灰药效时间为15天左右。

3. 培育水质,做好投苗准备 在消毒药物药效消失后4～5天,应及时进水和加水,采取措施培育水质。注意投苗前要控制池中剑水蚤、红虫等水生生物的数量,以免鳗种下池后,影响人工饵料的投喂效果。可用美曲磷酯(敌百虫)、灭虫精杀灭。

(二)鳗种放养

1. 正确识别优质鳗种 放养优质鳗种是保证养殖成功的前提,优质鳗种必须具备以下几个方面:规格整齐,无杂苗。鳗种的丰满度大,体表光滑,背部墨蓝,腹部洁白。无病害,无外伤,活动和摄食能力强。当年养成的鳗种质量最好。

2. 鳗种下池 长途运输的种苗,为了运输安全,在包装起运前会经过停食筛选暂养和包装时的降温充氧等各项技术操作,鳗种消耗了一定的体能,经过10小时左右的运输到达目的地。到达目的地

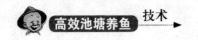

时有两种情况：一是包装袋温度仍低于塘中水温，袋内溶氧仍很充足，鳗鱼仍处于半休眠状态，这时下池应创造条件给予适当的复苏时间和适应过程，首先在阳光直射不到的情况下，将包装袋放入塘边网箱中浸泡 20～30 分钟，待温差小于 5℃ 时，解开包装袋，向包装袋中加入 2～3 盆塘水，然后慢慢地将鳗苗倒入网箱，观察 1～2 小时后下池。另一种情况是，鳗鱼到达目的地后，由于袋内气温较高，氧气消耗较大，鳗鱼处于缺氧窒息状态，这时应立即解开氧气袋，在塘边铺上网箱，将鳗苗倒在网上，用池水慢慢冲洗，利用鳗鱼皮肤呼吸的特性，使鳗鱼慢慢苏醒游入塘中。

鳗种下池是一项技术性很强的操作，因为鳗种在包装袋中起初处于一种高氧状态，随着运输的进行，袋中溶氧逐渐减少，鳗鱼会处于一种缺氧甚至轻度中毒状态，因此操作不慎就会造成很大的损失。

如果鳗种是短途运输，则在下塘前进行消毒后就可直接下池。

3. **鳗种下池的消毒** 为使鳗种能健康成长，下池前必须进行认真严格的消毒工作，以杀灭鳗种可能携带的病原。如果鳗种下池前体质许可，可进行水体高浓度、短时间浸泡，用药为：1.5％～3％食盐溶液浸洗 15～30 分钟。或者 25 毫克/升土霉素药液浸洗 5～10 分钟。或者 50 毫克/升福尔马林（甲醛）溶液浸洗 10～15 分钟。或者 4 毫克/升美曲磷酯（敌百虫）溶液浸洗 10～15 分钟。如鳗种体质差，可先下塘，待鱼体质恢复后，用 20～30 毫克/升福尔马林（甲醛）和 2～45 毫克/升土霉素进行药浴处理，方法与防治鱼病所用的全池泼洒相同，但要注意用药后换水。开食后应投喂一个疗程药饵。

4. **鳗种放养密度** 投放鳗种的密度依各种条件而定，主要的根据是养鳗场投苗计划、现存池鳗鱼和总水面，同时考虑技术、水质等条件，原则是宁稀勿密。

三、饲料与投喂

人工养殖的鳗鱼，通过从饵料中摄取蛋白质、脂肪、糖类、维生素和矿物盐等营养物质来生长增重，维持生命活动所需的能量和对损坏的组织细胞进行更新。因此，饵料在人工养殖中处于比较重要的地位，也是鳗鱼养殖中成本比较大的部分。

（一）天然饵料

自然界中野生的鳗鱼，以捕获水生昆虫、桡足类、螺、蛏、沙蚕、蚯蚓、虾、蚌和鲜鱼等天然饵料为食。所谓天然，是指这类动物和畜禽内脏的鲜活品或者冷冻品未经加工就直接使用。人工养鳗的早期都是利用天然饵料，现阶段也有把天然饵料和配合饲料混合使用的，以达到充分利用自然资源、降低生产成本的目的。

1. 丝蚯蚓、蚯蚓　含丰富的蛋白质、脂质、无机盐和维生素，蛋白质含量在 8.6％ 以上，丝蚯蚓是公认的最好的驯食饵料。蚯蚓加工成蚯蚓粉，蛋白含量在 70％ 以上，可在鳗配合饲料中当作蛋白源和引诱剂使用。

2. 河蚌、螺、蚬、蛤等　这些饵料来源广泛，但必须洗净去壳，加工成肉糜后投喂鳗鱼。

3. 水蚤　包括一些游泳的枝角类、桡足类。水蚤蛋白质含量较高、来源广，容易在养鳗池中大量繁殖。

4. 鲜杂鱼　新鲜杂鱼的营养能满足鳗鱼的营养需求，有利于鳗鱼的生长。在沿海渔业资源丰富的地方，鲜杂鱼价格低廉，若与配合饲料混合使用，一吨鳗鱼饲料成本可下降 1000 元以上。

但鲜鱼很难及时、持续供应，因此人们常常使用冷冻品。冷冻品贮存应在 6 个月以内。冷冻的鲜杂鱼使用时，要用大量清水冲洗，

并经药物浸泡后方可使用，否则鳗鱼摄食后会生病。

（二）配合饲料

配合饲料含有全面的营养成分，它不仅能满足鱼类生长发育的需要，而且能有效地发挥蛋白质、脂肪、糖类、维生素和无机盐等营养的生理功能，特别是提高蛋白质的利用率，可以节约大量的饲料蛋白质，同时减少饲料浪费，降低饲料成本。常用的鳗鱼配合饲料为粉状饲料，是将粉碎达到一定粒度的粉状原料按一定比例混合而成的。原料组成如下：

（1）蛋白质原料　鱼粉是配合饲料中的主要成分，一般进口鱼粉蛋白质含量在 65％以上。市场上品牌较多，鱼粉要求新鲜度好，有固有的鱼香味，水分要小于 10％。谷朊粉是食用淀粉生产的副产品，植物性蛋白质含量在 80％以上，在饲料中添加比例较小，但能增加饲料黏弹性。豆粕是植物性蛋白原料，含粗蛋白 35％以上，在成鳗饲料中添加少量，可降低原料成本。酵母粉是单细胞蛋白，干物质中含蛋白 40％以上，含丰富的维生素及未知生长因子。

（2）能量饲料　鳗饲料中常用的 α－淀粉，它作为能量饲料提供鳗鱼生长生活所需的能量，节约蛋白质的消耗，同时又能增加饲料的黏弹性。种类较多，有 α－马铃薯淀粉和 α－木薯淀粉。在饲料中添加量较多。

（3）特殊饲料源　主要以补充无机盐、维生素和氨基酸为目的的饲料源。目前，生产中常用的是复合多维、复合多矿及单项维生素 C、蛋氨酸和赖氨酸等，可以大大提高饲料的利用效率。

（4）添加剂　添加剂同蛋白质饲料、能量饲料、特殊饲料等一起组成配合饲料，能促进鱼类生长发育，防治各种病害，减少饲料贮存期损失，改进饲料的适口性和鱼的品质以及饲料加工后的性质。一般属非营养性添加剂，如保健促长剂、黏合剂和引诱剂等。

（三）饵料的投喂

饵料投喂是整个鳗鱼养殖管理中的一项经常性工作，要让鳗鱼吃饱、吃好、生长迅速，必须有一套比较科学的投饵方法。

1. 投饵时间和次数 投饵时间一般为上午 8～9 时、下午 2～3 时。盛夏上午提前 1～2 个小时，下午推迟 2～3 个小时。阴天或者水温较低时上午可推迟 1～2 个小时，正常情况下每天投饵 2 次。鳗种个体较大或者水温较低时可每天投饵 1 次，水温 16℃以下隔天 1 次，水温 12℃以下不必投饵。

2. 投饲方法 鳗鱼投饵要合理投喂，做到定时、定位、定质、定量投饲。

（1）定时 能养成鳗鱼定时摄食的习惯，根据季节、水温、水质状况，使鳗鱼在最佳状态下摄食。

（2）定位 能养成鳗鱼定向摄食的习惯，把调制好的鱼饵放在固定位置的食台中，促使鳗鱼集中摄食，提高鳗鱼的食欲，减少饵料的流散，提高饲料利用效率。

（3）定质 要保证饲料的质量，调制好的饵料要软硬适度，饲料在调制中要添加酸价较低的鱼油、植物油等。

（4）定量 根据鳗鱼的摄食、消化情况，鱼体大小，天气、水温及鳗池水质及溶氧，浮游生物组成等因素投给适量的饲料。

3. 投饲管理

（1）投饲计划 鳗鱼的投饲应按照计划进行，一般来说每隔 3 天至 1 周调整一次投饲量。

（2）保证饵料质量 每个池的饲料不能一次投放过多，而是根据吃食情况逐渐添加，防止调制过多造成饲料浪费。

（3）投喂顺序 投喂饲料时要先投前一天吃食差的池，吃食好的池后投。

（4）吃食控制　严格控制鳗鱼的吃食时间，以免过食和吃食时间太长而饲料流散。

（5）注意事项　投喂时应注意观察鳗鱼的活动、摄食、生病情况，如发现异常应减少投饲量并进行疾病防治。

四、成鳗养殖管理

俗话说："三分养，七分管。"管理在鳗鱼养殖中占有很重要的地位。鳗种下池后养殖业绩的好坏，关键在于管理。

（一）成鳗养殖日常管理

1. **勤巡塘**　每天巡塘分早、中、晚三次。凌晨巡塘注意鳗鱼是否浮头，中午巡塘看鳗鱼摄食后的情况，晚上巡塘注意是否有浮头预兆。

2. **勤观察**

（1）鳗鱼　鳗鱼的活动反映一些问题。聚集到饵台的数量越多，说明摄饵的情况越好；聚集到水车前面和入水口处说明可能缺氧；靠近池堤独游，体色发黑可能有病。

（2）水质　看池水透明度，测水温，看浮游生物量，观察水面有无鳗鱼吐出的食物和粪便形状。

（3）投饵情况　投饵时要观察摄饵情况，确定合理的投饵量。

3. **勤预防**　防缺氧"泛池"。防病害发生。防逃。防高温严寒。防水质污染使鱼中毒。

（二）成鳗养殖的专项管理

1. **水质管理**　成鳗的水质管理就是"养水"，培育微囊藻，使水色呈淡绿色，透明度为 20 厘米，这样水质比较稳定。微囊藻起遮阴增氧和净化水质的作用。

方法：春季在鳗池水质变清时，要进行施肥，每亩用尿素、硫酸铵 1～2 千克。夏季晴天中午，由于光合作用，表层水溶氧达饱和，要开动增氧机进行池水上下层交换。

夏季高温、秋冬季低温时要加深池水。平时要经常进行池水更换，保持池水的清洁工作，注意池水浮游生物变动情况，及时采取对策。

2. 增氧机的管理与维护　增氧机能增加池水中的含氧量，使上下层水得到交换。在投饲时，水流能将饲料的气味迅速传遍全池，并向食台输送溶氧丰富的新鲜水，增加鳗鱼食欲。

要根据存池鳗鱼的情况决定增氧机运转的时间，既要灵活掌握又要节约开支。

需要注意的是，在水质变化、鳗鱼摄食量减少、鳗病预防用药、天气闷热、气压低、梅雨季节时要延长增氧机使用时间。

对增氧机及附属设施要定期检查和维修保养，防止漏电造成人和鱼的触电事故，防止漏油造成水体污染。

第六节 鲟 鱼 >>>

鲟鱼类是大中型的经济鱼类，广泛分布于北回归线以北的水域中。隶属于硬骨鱼纲、辐鳍亚纲、软骨硬鳞总目、鲟形目、鲟科、鲟亚科、鲟属。

目前世界上共发现有鲟科鱼类2科6属26种，俄罗斯是世界上拥有鲟鱼种类和数量最多的国家，共有16种之多，如俄罗斯鲟、闪光鲟、裸腹鲟、小体鲟、史氏鲟、西伯利亚鲟和达氏鲟等，主要分布在里海、亚述海、黑海及与之相通的河流如伏尔加河、顿河等。我国共有8种鲟鱼，分布在长江、黑龙江等水系，除长江水系的中华鲟属国家一级保护动物外，史氏鲟、达氏鲟和小体鲟等都是重要的经济鱼类。

在世界鲟鱼渔业中，俄罗斯鲟鱼渔业占主导地位，鲟鱼产量占世界鲟鱼总产量的90%左右。苏联早在1869年就开始鲟鱼采卵人工孵化、培育鱼种，以后陆续开展人工放流增殖资源工作。美国近年来集约化养殖匙吻鲟发展迅速，德国、匈牙利、意大利等国家也有养殖。我国的鲟鱼养殖最早开始于1957年，黑龙江水产研究所人工繁殖史氏鲟获得少量鱼苗。20世纪70年代，长江水产研究所开始对中华鲟的人工孵化、亲鱼养殖、苗种放流进行研究。至今鲟鱼养殖无论是养殖品种、养殖区域还是养殖方式都已呈多样化趋势，产量也逐渐增加，鲟鱼已从昔日的宾馆酒楼逐步走上市民的餐桌。

鲟鱼是相当古老的生物类群，因此有"活化石"之称，古鲟距今已有1.4亿年的历史，在有机体和生活环境相统一的生物演化规律的支配下，经历了无数代的生态适应和自然选择，现代鲟鱼类具备了与大多数硬骨鱼所不同的性状和特征。

一、人工繁殖

（一）人工采卵授精

1. 催产剂及注射方法　鲟鱼的人工繁殖采用类固醇激素类似物及绒毛膜促性腺激素作为催情药物。在产卵场捕获的雄性亲鲟，性腺成熟度情况都较好，不需要注射，轻压腹部就有精液流出，精液质量好。鲟鱼的精子与其他鱼类精子相比个体大，寿命长，在无激活的情况下，4℃保存24小时不会影响受精质量。如果雄亲鲟压腹部无精液流出，则考虑进行一次注射。雌亲鲟的注射次数主要视其性腺发育的成熟程度而定，一般成熟度好，性腺已处于Ⅳ期末的，采用一次注射即可。若性腺成熟较差或者成熟不够完善，最好采用二次或者三次注射为宜，其原因是经过二次或者三次注射后，卵巢从Ⅳ期过渡到Ⅴ期时，不会造成生理反应过于激烈和生理机能失调。雄鲟如需注射，其剂量一般为雌鲟注射剂量的1/15～1/10，雌鲟在催产中如应用类固醇激素类似物，注射剂量为200～400微克/千克体重。鲟鱼的催产效应时间通常比家鱼长一些，一般在30～50小时。但也有少部分雌鲟，因卵巢成熟度好，在进行催产时，卵巢已接近Ⅴ期，所以注射适量催产药物之后，催产效应期很短，有的在24小时内（个别的甚至更短）即可发情排卵，并且催产率和受精率较高。因此，注重选择成熟度好的雌鲟，适时适量地进行催产注射是极为重要的。同时注意准确地掌握催产后鲟鱼卵粒的成熟变化过程及效应时间，适时进行采卵授精，避免因鱼卵过熟而降低受精率或者鱼卵自产池底。检查卵粒成熟的情况，可通过挤压腹部视其有无成熟的卵粒流出或者根据腹部柔软程度加以判断。

2. 采卵授精　在实际工作中，采集野生亲鱼进行人工催产时，往往存在着随机性和偶然性。有时雌鱼的卵已成熟自流，却找不到合适的雄鱼，为此除有计划地多储备些雄亲鱼外，还应采用离体保存法，在4～5℃条件下经常保存一定量精液备用。在雌鱼排卵前给雄鱼注射，可以每2～4小时采一次精液保存，授精时则有两手准备。

在掌握催产效应时间的基础上，适时采卵是非常关键的一步，采卵过早则卵没有完全成熟，采卵过迟则易出现过熟而无法受精的情况。根据具体情况，鲟鱼的采卵常用挤压法和杀鱼取卵法两种。

(1) 挤压法　适用于较小型的、成熟度很高的亲鱼。雌鱼达到成熟排卵阶段后，用手先从雌鱼腹后部向前推压，再由前向后推压，并重复这一动作。目的是使体腔后部的游离卵粒尽可能地挤入喇叭口，最后经输卵管排出。这种方法很难把所有成熟卵挤出，总会有相当一部分卵挤不出来，但此法能有效地保留雌鱼。人工养殖或者低龄的亲鱼，最好采用这种方法采卵。

(2) 杀鱼取卵法　主要用于野生的亲鱼采卵，目前黑龙江边的产孵操作还主要采用这种方法。取卵前先切断雌鱼的鳃动脉或者尾动脉放血，然后剖开腹腔取卵。这种方法虽可取出全部成熟卵，但亲鱼也同时被断送了。

鲟鱼成熟卵的人工授精主要采用干导法，即先将卵置于盆中，每盆 4 万～7 万粒卵。加入 1～2 毫升精液，搅动精卵，使其混合。加入江水继续搅拌约 5 分钟之后，倒掉上面的体腔液和多余的精液，漂洗 2～3 次，这样受精工作即已完成。鲟鱼的精子大，而且激活后的寿命较长，因此也可以采用先加水激活精子，之后倒入盛卵盆中的授精方法。实验的结果说明，这种方法能有效提高受精率。

（二）受精卵的脱黏处理

目前鲟鱼人工繁殖中的脱黏剂主要是 20％的滑石粉悬浊液，材料即为市售的滑石粉。脱黏时，在盆中注入清洁的孵化水，加入提前泡好的滑石粉液，慢慢搅动鱼卵，如果有卵粘连现象，用手拨开，每 10 分钟换 1 次洗液，弃去旧的溶液，加入新水和滑石粉。重复这项操作至卵完全不粘手且冲洗至水清为止，放入孵化器中孵化，脱黏时间一般为 30～50 分钟。脱黏的具体操作方法还有机械脱黏法，效果较好的是充气脱黏。充气脱黏的主要设备有气泵和锥形瓶。气泵的出气口通过管路与锥形瓶的下口相连，脱黏时将受精卵和脱黏剂倒入锥形瓶中，充分使瓶中的卵不断翻动。充气量的调整以卵和脱黏剂不在瓶底停留为度，达到脱黏要求的时间后，拔出充气管，放出鱼卵，冲洗后转入孵化器。

（三）受精卵的孵化

鲟鱼的卵粒较大，沉性强，但孵化过程中又必须有一定的翻动。这就决定了它所使用的孵化方法和孵化器具有特性。

1. 常用孵化器的种类

（1）尤先科孵化器　尤先科孵化器亦称淋水式孵化器，是目前采用最多的一种孵化器。它的组成包括支架、水槽、盛卵槽、供水喷头、排水导管、拨卵器和自动翻斗。水槽有 4 个独立的小槽，孵化器的底部与水槽之间是波浪形的拨卵器。

尤先科孵化器的工作原理：供水喷头不断向盛卵槽中供水，新水由上至下通过卵再通过盛卵槽的筛底进入水槽，废水从溢水口排出，4 个小槽的废水汇入总排水管，最后进入自动翻斗内，翻斗内的水满后，会自动翻倒将水倒空，翻斗在复位配重物的作用下，重新立起接水。翻斗翻倒和立起的动作同时带动拨卵器往复，波浪式拨卵器通过拨动卵盘的水使卵翻动。拨动次数约每分钟 1 次。换言之，供水量的调整应以每分钟盛满翻斗 1 次为度。

这种孵化器的孵化效果较好，但鱼苗的收集必须人工从盛卵槽内捞出，收苗工作量很大。供水量约每台每小时 3 立方米，孵化能力 8 千克卵左右。

（2）鲟鱼Ⅰ号孵化器　这种孵化器是目前俄罗斯最先进也是最普及的孵化器（图 1—8）。

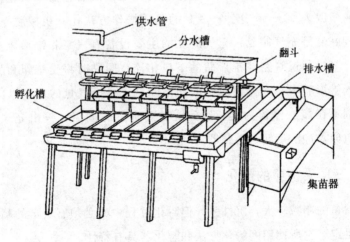

图 1—8　鲟鱼Ⅰ号孵化器

鲟鱼Ⅰ号孵化器的主体包括：支架、水槽、盛卵槽（每台 16 个）、翻斗（16 个）、分水槽、供水管、排水槽和集苗器，水槽左右各 1 只，每只中间是不分割的盛卵槽，8 只放在一个水槽中。盛卵槽结构比较复杂，工艺要求也高。盛卵槽（图1—9）除不锈钢板的4框和不锈钢网底外，还有一个很精密的气箱和接水槽。正常状态下，接水槽是放空的，气箱使盛卵槽浮在水槽内，接水槽加满水后，在重力和水重量的共同作用下，盛卵槽被压入水中。接水槽下面有一个孔，在几秒钟内将水放净，使盛卵槽再度浮于水面，完成上下一次往复动作。

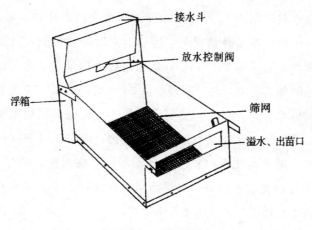

接水斗

放水控制阀

浮箱

筛网

溢水、出苗口

图1—9　盛卵槽

工作原理：供水管的水进入分水器，分水器通过各分水口的调节，将水较均匀地分到16个翻斗中，独立的翻斗盛满水后自动翻倒，将水倒入盛卵槽的接水槽内。翻斗在倒空之后自动复位接水。接水槽因被快速加满，压迫盛卵槽整体下沉，接水槽下的孔不断地将水放入水槽，新水由下至上地通过盛卵槽的筛底再通过卵，最后经排水管汇入集苗器，在盛卵槽上下往复的动作过程中，鱼卵也进行与盛卵不等速的下沉和升起。在上下动作中，水流的作用使卵的位置发生变化，得到重新分布，有效地翻动。由于水是经盛卵槽的溢水口流出，孵出的鱼苗可以直接随水流进入排水槽汇入集苗器。可以从集苗器内集中收集鱼苗运入鱼池，也可以将排水管直接通到

鱼池而不必人工收苗。

这种孵化器的用水量每小时不到 2 平方米，而每台的孵化能力可达到 32 千克受精卵，有效地节省了用水和劳动强度。

2. 孵化管理

（1）水温管理 在人工孵化条件下，17～19℃时，胚胎死亡率低，发育正常，为孵化的适宜温度范围。如果是在一个固定的地点孵化，将水温控制在 17～19℃即可。然而受精卵往往要经过运输，进行异地孵化。在这种情况下，运输的温度必须较低。这就要求起运前慢慢将水温降至 14～16℃，运输过程中尽量保证这一温度。到达目的地时如需升温，也应缓慢，以 24 小时增加 1～2℃为宜。

（2）孵化水量的控制 控制水量是为了保证孵化用水中有足够的氧气，及时排出胚胎发育过程中的废物，同时还要兼顾拨卵器的定时动作。每种孵化器的供水量各不相同，应根据具体情况掌握。如鲟鱼Ⅰ号孵化器每台每小时供水量应保证在 2 平方米左右，尤先科孵化器每台每小时 3 平方米左右。

孵化的前期，鱼的呼吸量小，随着胚胎发育的进行，呼吸量不断加大，到出膜前最大。因此水量的调整也可从小到大，到出膜前达到应有的供水量。

（3）霉菌的控制

①及时清理死卵。盛卵槽内由于水流的作用，死卵会集中在上层的某一部位，可用虹吸法吸出，再将活卵挑出来放在槽内，或者是将吸出的卵放入另一个孵化槽内。长途运输后，由于较长时间不能消毒，水霉滋生较快，空运或者火车运输途中卵几乎没有翻动，着生水霉的死卵会连带周围的活卵形成一个很大的水霉球，应及时选出，并设法将活卵从水霉球中剥离出来。

②消毒。止水消毒：孵化开始后，每 4～5 小时用亚甲基蓝消毒1 次。消毒时将供水关闭，向孵化器中加入溶好的亚甲基蓝，使溶液的

浓度为 5 毫克/升，时间 10～15 分钟，开启供水阀门，重新供水。胚胎发育至心动期后不再消毒。流水消毒：在供水管口处挂 1 只吊瓶，瓶内盛上浓度较高的亚甲基蓝溶液。药液通过点滴管不断地向分水槽滴药，实际浓度约为 0.03 毫克/升。当有鱼苗破膜后，停止用药。

③翻动鱼卵。鱼卵较长时间停止不动时，死卵着生的水霉菌会蔓延到好卵上。只要保证鱼卵正常翻动，水霉即无法危害好卵。因此调整好水流量，使拨卵器能保持良好的工作状态，也是控制水霉滋生的手段之一。

（4）出苗　卵经过 100 小时左右的孵化时间，开始陆续出苗，通常出苗量开始时较少，每批卵都会有一个出苗量较大的高峰期。高峰期过后，绝大部分卵已破膜，仅有少量发育晚的卵或者畸形的鱼苗沉在水底。体质较好的破膜仔鱼会在水层浮游。

仔鱼的收集工作是随时进行的。尤先科孵化器孵出的仔鱼必须人工从每个盛卵槽中捞出，当槽中仔鱼密度较大时，即可用小碗或者小抄网捞出。鲟鱼Ⅰ号孵化器上孵出的仔鱼，不必单独收集，仔鱼会随水流方向进入集苗器。集苗器中的苗集到 3 万～5 万尾后，移出即可。在整个出苗期应有较充足的水量，而且较平时要大些。此时卵、鱼的呼吸量都增大，要有较大量的氧气补充。同时水流量大也有利于鱼苗的收集。出苗期水温必须稳定，不宜忽高忽低。

二、苗种培育

（一）水源要求及鱼池条件

1. 水源　苗种培育的水源可以是井水、泉水、水库水、河水或者其他符合养殖用水标准的水源。要求 pH 值 7～8.5，水温在鱼苗

阶段为 17～20℃，溶氧大于 6 毫克/升，水质清澈，无污染。

2. 鱼池条件

（1）鱼苗池

①鱼苗池的形状和规格。鱼苗池平面形状以圆形或者近似圆形为好，直径以 2 米左右较为合理，水流量易控制，投喂和清理均方便。鱼苗池的总深度 60～70 厘米，水的深度应能在 20～50 厘米之间任意调节。上供水、中央底排水在没有过滤消毒等水处理设施的地方，尽量采用每池单注单排，以防交叉污染，有利防病。池底边缘到底中央应有一定坡降，即中低边高，一般采用坡降 5%～7%。

②鱼苗池制作材料的种类和选择。目前采用较多的主要有水泥、玻璃钢和塑料。塑料池光洁度高，但强度较差。玻璃钢池虽然光洁度不如塑料池，但强度要大得多。前两者都有操作方便、移动方便的特点。水泥池具有稳定性好、强度大的特点，但同时也有光洁度差的不足。另外，水泥池位置较低，操作上也不方便。但由于水泥池造价低，目前大多数渔场还是以其作为主要的育苗设施。

③鱼苗池的供水和排水。鱼苗池供水主要有喷头式注水、喷管式注水和单口注水等几种方式。喷头式注水和喷管式注水在注水的过程中有增氧的作用，当水源溶氧较低时最好采用这两种方式。但这两种方式在气温较高的地区使用会带来不利的结果，会使水温上升，超过育苗要求温度。单口注水多用于水泥池，供水管路可以是设有阀门的金属或者塑料管，也可以使用供水渠并以鱼池间的闸板控制。鱼苗池的供水量为每分钟 20～50 升，鱼池中的水需保持微微转动，这一点通过调整供水角度很容易做到。转动的速度应视鱼体大小而定，通常以每秒 2～3 厘米为宜。

在鱼苗 1 克重之前水深为 20～40 厘米，3 克以前为 40～60 厘米，3 克以上就可以在 80～100 厘米水深条件下饲养了。总之，水的深度需根据鱼的生长情况随时调整。水深可通过水位调节管进行调整，水位调节管可采用软管如胶管、塑料管等，固定管口高度即可限定水位，也可采用硬管，通过改变管的长度来调整水位。

直径 2 米左右的鱼池，排水拦网的面积可选 30 厘米×30 厘米，网目为 20 目。由于拦网的网眼很小，鱼苗投喂量大，残饵、粪便积在网上，很容易阻塞。设溢流口的目的是在不断进水、拦网阻塞的情况下，水也能从鱼池顶端以下流出而不至跑苗，当然溢流口必须设置与排水拦网网目相同的拦网。

鱼苗池如建在室外，应设有遮阳棚。鱼苗不宜在强光下饲养。

（2）鱼种池　鱼苗经过暂养、开食和驯化后，通常规格达到 10 厘米以上，重 3～5 克。此时可称为幼鱼或者鱼种，可以移入鱼种池进行培育。鱼种池与鱼苗池除在规格上不同外，其工作原理大同小异。

①鱼种池的形状规格。鱼种池形状以近似圆形或者圆形为好，面积 15～20 平方米，水深为 1 米。

②鱼种池的材料。鱼种池的面积较大，采用浆砌石和混凝土结构造价低，经久耐用。不论哪种，鱼池内壁均应有水泥压光工艺，保证光洁度。条件允许的地方，也可采用玻璃钢或者其他材料。

③供水和排水。鱼种池的供水可以是管道阀门控制，也可以是渠道闸板控制，一般每池 1 个进水口即可，进水口与鱼池形成一定角度，使池水形成定向旋转，有利清污。水位可固定在 1 米左右。正常饲养时，不断进入水池的水通过水位控制管保持在 1 米左右，需排干或者定时清污时，提起塞子或者提出管道即可。排水拦网网目的确定须依鱼种规格的大小而定，从 3～5 克开始，拦网网目规格可先设为 3.5 毫米。随鱼体的长大，应及时更换大些的网目，溢流口的网目应与拦网网目相对应。

（二）鱼苗暂养

暂养是指鱼苗孵出后到卵黄囊完全吸收、鱼苗开始摄取外界食

物前这一阶段的培养管理。暂养阶段是鲟鱼体形和行为变化最大的时期。在此阶段内，仔鱼卵黄囊逐渐消耗，各器官不断发育，在行为上要依次经历浮游、底栖聚团、散开和下底觅食四个阶段。

鱼苗暂养时间的长短主要取决于水温的高低。史氏鲟仔鱼正常生长发育的适宜水温为18℃左右，至鱼苗开口，需7～10天。温度降低时，暂养的时间要相应延长，如果暂养温度低于13℃，鱼苗的生长速度会明显减慢，成活率也会大大降低；温度过高（超过22℃时），鱼苗的死亡率和畸形率都会增加。

1.水位与水量控制　刚孵出的鱼苗体质弱，游动能力较差。在集约化养殖条件下，可通过适当控制育苗池的水位及水的流速或者转速，来减少鱼苗在行动上的能量消耗，同时也便于进行池面操作。仔鱼暂养池的水位控制在20～30厘米即可。池内水体保持轻微转动或者静止，这样对鱼苗的发育比较有利。育苗池的水供应一定要充足，应保证在每分钟20升左右，使池内溶氧量保持在6毫克/升以上。

2.暂养密度　暂养期间要注意及时进行分池，调整密度。调整育苗的密度主要是以鱼苗的体重变化为依据，一般在仔鱼的暂养初期，放养密度控制在5000～7000尾/平方米，至开口时可调整到2000～3000尾/平方米。

经过7～10天的培育，史氏鲟仔鱼逐步吸收完卵黄，并将在其后肠形成的色素栓排出体外。当色素栓完全排出体外时，鱼苗即开口摄取外界食物。至此，暂养便宣告结束。当鱼苗中有50%左右个体色素栓排出时，就应该开始进行投喂。

(三) 开口期的饲养管理

1.鱼苗开口期的饲料　卤虫与水蚤对刚开口的鲟鱼苗来说比较适口，营养也较全面，但投喂时必须达到一定的密度，鲟鱼苗才能充分摄食。当鱼苗得不到足够的食物时，会引起相互残食；其次，开口之后的鲟鱼苗生长速度加快，经过 4～5 天的培育后，卤虫与水蚤也不再适口，必须改用其他的适口饲料，或者用配合饲料强行驯化。水蚯蚓也是较好的鲟鱼开口饲料，但水蚯蚓对刚开口的鲟鱼苗来说，规格稍大些。在投喂前应先将水蚯蚓切碎成小段，用干净水清洗几次至无污液时再投喂。这样持续 4～5 天后，待鱼苗规格稍大些，则可用整条蚯蚓投喂。用活饵培育的鱼苗长到 1 克左右时，即可用配合饲料进行驯化。

2. 饲养管理

(1) 温度与水量控制　开口期鲟鱼苗的体质弱，对外界环境的变化较为敏感，要避免温度的骤然变化。培育水温应控制在 18～21℃。此时鱼苗对水体中的溶氧含量要求较高，水供应量要充分，育苗池内水交换量最好达到每小时 2～3 次，即水流量根据鱼苗的放养密度和水温在每分钟 20～40 升交换。暂养期的水位可深些，保持在 40～50 厘米即可。开口期饵料投喂量大，残饵较多，可调整育苗池内的水体成有利排污的微流动或者微转动状态。

(2) 投喂管理

①配合饲料投喂。此种投喂方式操作比较简单，但鱼苗的开口成活率比较低，一般在较大规模的养殖生产或者是活饵来源困难的时候可以采用。用配合饲料投喂鲟鱼开口鱼苗，饲料颗粒的大小应严格与鱼苗的大小相适应。改换饲料粒径应逐步进行，由小到大，不适宜时鱼苗难以适应，造成营养不足，影响生长和发育，同时也会造成饵料的浪费及败坏水质。饲料粒径及其混合比值，要根据鱼苗的体重来进行（表 1－4）。日投喂次数初期 10～12 次，后期可根据鱼苗的生长和摄食情况调整到每天 5～6 次。

表1-4 投喂饲料粒径及混合比值参照表

鱼体重 (克)	各种规格饲料的比例（%）				
	0.2～0.4 毫米	0.4～0.6 毫米	0.6～1.0 毫米	1.0～1.5 1.0～2.0 毫米	1.5～2.0 毫米
0.07～0.1	100				
0.11～0.2	50	50			
0.21～0.5		50	50		
0.60～1.0			50	50	
1.10～2.0				50	50
2.0以上					100

②生物饲料投喂（活饵投喂）。开口期鱼苗体质弱，摄食能力不强，虽然摄食量较低，但在投喂时，投喂活饵的量必须要充足。初期日投喂量按鱼体重的100%，随着鱼苗体质的增强和规格的增大，投喂量也要做相应的调整。开口后期可降低到40%～50%。饲料投喂量过少，鱼苗得不到充足的食物，会因饥饿而相互残食。鱼苗一旦受伤，很快便会着生水霉而死。如果投喂水蚤或者卤虫，则必须有足够的饲料投喂密度，以保证鱼苗容易摄食，并且摄食充分。也可以采取混合投喂活饵的方式，如在鱼苗开口初期用适口的水蚤或者卤虫投喂，4～5天后再改用水蚯蚓投喂。这样的投喂方式可以弥补鱼苗因摄取单一活饵造成的营养成分的不足，使鱼苗不仅生长速度快，存活率及健壮鱼苗的比率也较高。

活饵的日投喂次数与鱼苗的规格、体质相关。鱼苗规格越小，体质越弱，投喂的次数越多。鱼苗开口初期2～3小时1次，随鱼苗的增长，投喂次数可适当地逐步减少。而且鲟鱼是全昼夜摄食的，因此夜间也需进行投喂（表1-5）。

表1－5　鱼苗投喂频率及时间

鱼体重（克）	投喂次数	投饵时间
0.07～0.3	12	每2小时1次
0.3～0.5	8	5，8，11，14，16，18，20，22
0.6～1.5	6	5，8，13，16，18，22
1.6～3.0	4	6，13，16，23

（3）鱼池管理　史氏鲟开口期，鱼苗的摄食能力较弱，在养殖过程中为了保证所有鱼苗能够摄食充分，饵料往往要过量投喂。这样一来，育苗池内的残饵也较其他培育期鲟鱼池内的残饵多。加上育苗池的拦网网目较小，残饵不易通过，极易造成网眼堵塞，使水交换不能进行或者进行困难，池内水位上升，池水外溢，引起鱼苗逃逸；或者造成育苗池内严重缺氧，鱼苗因溶氧量不足而窒息死亡。应及时将残饵清除干净。开口阶段是史氏鲟鱼苗敏感时期，鱼苗在此阶段的死亡率较高。外界环境的突变（如温度的骤然升降等）、生存水体的恶化（主要是残饵、死亡鱼苗清理不及时，残饵、死亡鱼苗腐败所致）都可能引起鱼苗的死亡率升高。因此，应每天对育苗池进行清理，保持育苗池内环境稳定良好，以利于鱼苗的生长发育。此阶段鱼苗比较娇嫩，在操作上，清池时动作要轻而缓，尽量避免鱼体受伤。

用活饵投喂的鱼苗生长规格较整齐，而用配合饲料饲养的鱼苗规格则参差不齐，大小不一。应及时对鱼苗进行分池，筛选出体弱、不摄食或者是摄食极少的鱼苗，先用活饵扶壮一段时间，待鱼苗体质有所恢复后再用配合饲料投喂。对于那些摄食积极、体质健壮的鱼苗也应挑选出来，另行培养。

积极防治鱼病。主要是及时清除残饵和死亡鱼苗，使育苗池内保持干净，防止水质恶化。其次是定期对鱼体进行消毒处理，一般

用 1%～2% 的食盐水洗浴 3～4 分钟即可，时间长短视鱼苗的状况而定，7 天左右进行 1 次。在更换鱼池时，鱼苗入池前要对鱼池进行消毒处理，池内药物清除干净后方可再加注新水，放入鱼苗。

（4）密度管理　在其他条件相同的情况下，放养密度的大小对鱼苗的生长速度有一定的影响，密度大会加大鱼苗的自身抑制作用，影响鱼苗的新陈代谢活动和鱼苗对饵料的消化利用率，同时也极易污染其生活环境，引起池内缺氧，造成死鱼事故。因此，应根据鱼苗规格合理地调整放养密度（表 1—6）。

表 1—6　养殖幼鱼的放养密度

鱼体重 （克）	温度 （℃）	放养密度	
		千尾/米²	千尾/米³
0.04～0.07	15～17	5～7	25～35
0.07～0.5	17～19	3～5	15～25
0.6～1.0	19～20	2.0	10
1.1～3.0	20～22	1.0	2.5

（四）配合饲料驯化

1. 鱼池准备及管理　经过开口期的精心培育，仔鱼的规格达到 1 克左右时，即可用配合饲料进行驯化。驯化也应在育苗池内进行，水温 19～22℃，水位保持在 40 厘米左右即可，水量供应要充分，一般应保持在每分钟 30～40 升，此时鱼苗规格稍大，体质有所增强，育苗池内的水视情况可保持一定的流动或者转动，以利于排污。驯化开始时鱼苗的放养密度可调整到 2000 尾/平方米左右，拦网网目改为 16 目，后期可以使用 12 目网。驯化期间投饵量较大，残饵多，应及时清池，最好每次投喂的残饵都及时清除掉。在规模化生产中，这个工作很难做到，但也要坚持每天至少 1～2 次，防止残饵或者死亡鱼苗腐败变质，恶化水质，使鱼生病。其次是定期对鱼体进行消毒处理，如用1%～2%的食盐水洗浴鱼体，1周进行1次，每次4～5分钟（时间长短视鱼苗的状况而定）。鱼苗转池前要先对鱼池进行消毒后才能进苗。

2. **饲料准备** 驯化时所用饲料为鲟鱼的专用配合饲料，饲料粒径为0.2～0.3毫米。用这种颗粒饲料作为基础原料，添加一些其他的物质，再制成软颗粒饲料进行驯化投喂，效果比较理想。通常在基础饲料中加入一定比例的鳗鱼饲料、豆油、鲜猪肝或者某些诱食物质如水蚤干粉和甜菜碱等，其中添加的鳗鱼饲料主要是起黏合剂的作用，对于诱食也有一定效果，豆油的添加量约5%，它可以提高饲料中的脂肪含量，增强鱼苗对脂溶性维生素的吸收利用；鲜猪肝则内含丰富的活性酶物质，有利于鱼苗对饲料中各种营养成分的消化利用，添加量一般为20%～30%。将这些添加物混匀后制成较大规格的软颗粒，再经16目筛网搓制成微颗粒，晾至半干后即可用于投喂。另外一种方法是将硬颗粒饲料在活饵浆（如蚯蚓）内浸泡成软颗粒，晾至半干后再投喂。用这些方法制成的软颗粒料，鱼苗较易接受，驯化效果明显提高。试验结果表明，用添加鲜活物制成的软颗粒料投喂，3周可完成驯化，成活率在50%以上。用添加鲜猪肝和鲜蚯蚓制成的软颗粒料进行驯化，成活率还要高些，可以达到69%左右；而用活饵浆（如用水蚯蚓打碎后制成浆）浸泡制成的软颗粒料进行投喂，驯化时间约需2周，成活率高达75%以上。

3. **驯化的方法** 用配合饲料对鲟鱼进行驯化时，为使幼鱼尽快习惯人工饲料，必须有一定的饲料投喂量和投喂次数，饲料投喂次数通常一昼夜约10次，后期可依幼鱼对饲料的接受程度减少至5～6次。驯化期间最好在每次投喂后都清池。在大规模养殖生产中，至少每天清池1～2次，保持池内水环境稳定良好。

亦可采用交替投喂法。交替投喂是指驯化时，在每天的投喂中，逐渐增加颗粒饲料的投喂次数，开始驯化时，在每天的投喂中增加一次颗粒饲料的投喂，活饵的投喂次数相应地要减少一次。颗粒饲料投喂与相邻次数活饵的投喂时间间隔要适当延长一点。投喂颗粒饲料时应选择在幼鱼摄食最为旺盛的时间进行，一般在早上 5～6 时和晚上 7 时左右，这样交替喂几天后，再增加颗粒饲料的投喂次数而减少活饵的投喂次数，逐步过渡为每天一次活饵、3 天一次活饵，直到完全不用活饵投喂。

用交替投喂的方法驯化鲟鱼幼鱼，所需时间长，为 7～8 周，驯化成活率可以达到 50%，甚至 60% 以上。在鲟鱼的规模化生产中，一般采用这种驯化方法，效果比较稳定。

三、成鱼养殖

鲟鱼对环境有较强的适应能力，其池塘养殖和网箱养殖均已获得成功。根据鲟鱼的生理特性和国外养殖试验，坝下的流水养殖、大水面养殖及工厂化养殖都有较好的前途。

（一）池塘养殖

1. 水质要求　养殖池水的好坏直接影响到池鱼的生长发育，水源应无污染、水质清新，可以是河水、井水、泉水和水库水等。鲟鱼的水质指标主要是溶解氧和温度，其生长的最适温度为 18～25℃，同时，鲟鱼又是高溶氧的鱼类，溶解氧的适宜含量要求在 6 毫克/升以上，低于 1.5 毫克/升出现死亡。

2. 池塘条件　池塘可以是土池或者水泥池，面积以 5～10 亩为宜，水深 1.5～2 米，底泥不超过 20 厘米，进排水方便。最好使用地下水可经常注入的池塘。为防止其他野杂鱼苗进入，入水口处一般用 20 目的筛绢做拦网。

3. 苗种放养

①清塘与消毒。苗种放养前 10 天，用生石灰带水清塘，每亩用量 300～400 千克，杀死野杂鱼、病菌及其他有害生物。苗种放养前还必须先用 5％的食盐水溶液洗浴 20 分钟后再投放鱼池，入池第二天开始投喂。

②苗种放养。鲟幼鱼在 2 月龄时已具有成年鲟鱼的基本特征，目前一般放养规格为 30 克/尾左右，放养密度为 1000～1200 尾/亩。池塘主养时，为有效利用水体，可适当搭养鲢、鳙，因为鲢、鳙为上层鱼类，鲟鱼为底层鱼类，各自活动不受影响。另外，鲢、鳙还能摄食浮游生物，净化池塘的水质环境。搭配比例为每亩水面搭养鲢、鳙夏花 4500 尾。

4. 饲料及投喂

（1）饲料中的营养物质　鲟鱼为肉食性鱼类，蛋白质是其饲料中的重要成分，占总量的 35％～55％，其次为糖类 30％～40％，脂肪 9％～12％，并添加少量的维生素及矿物质。我国目前商品鱼的上市规格一般为 1～1.5 千克，此种规格的鱼仍为幼鱼，营养需求较鱼苗低些，但生长发育仍需较高的蛋白质。

饲料中使用动物蛋白质比植物蛋白质好，动物蛋白质易被鲟鱼消化利用，而植物蛋白质不易被鲟鱼吸收。因此，饲料中蛋白质应以动物蛋白质为主，如鱼粉。

黑龙江水产研究所饲料厂目前生产鲟商品鱼饲料的基本配比是：动物性原料 60％～70％，植物性原料 25％左右，其他为黏合剂、添加剂和防腐剂等。

加工制作的原料必须新鲜，无变质且经过充分粉碎、过筛。混合后，根据鱼的规格加工成不同粒径的硬颗粒。

（2）投喂方法　饲料的投喂必须坚持"四定"原则：一是定时。每天 3 次，即 8 时、14 时、17 时各投 1 次，以 14 时稍少一些。二是定位。每亩鱼池设饵料台 1～2 个，饵料台面积为 6 平方米，设在投喂方便、向阳和水交换好的地方，以利于鱼的摄食。饵料台控制在离池底 20 厘米左右，水面有浮标。平时集中饵料台投喂，使鱼形成条件反射觅食。三是定质。人工配合饲料要求新鲜、无变质。据俄罗斯学者的研究，体重 40 克到成鱼阶段的专用饲料的组成见表 1—7。四是定量。投饵量的确定主要根据水温、鱼体大小、吃食情况及气候因素等综合考虑。鲟鱼在适温范围内，摄食量随水温升高而增大，水温 18～20℃，按鱼体重的 4.5% 投喂；水温 20～24℃，是鲟鱼生长速度较快的时期，按其体重的 5% 投喂；水温 24～28℃，虽然摄食量很大，但生长速度减慢，考虑到经济效益，按鱼体重的 4.5% 投喂。阴雨天或者雷雨之前停喂。投喂时先撒少量饵料，引鱼至饵料台，待鱼群聚后，再大量投料，约 15 分钟，待大部分鱼吃饱后再少量投撒，整个投喂过程 30 分钟左右。饵料的投喂本着"八分饱"的原则。经常检查食台，观察鲟鱼的摄食及活动情况，并定期清除残饵，以免败坏水质。

表 1—7 成鱼阶段的专用饲料的组成

主要成分	蛋白质	脂质	碳水化合物	纤维素	能量效价
含 量	46	12	80	1.6	19.4

5. 饲养管理

（1）水质控制 鲟鱼是高溶氧、冷水性鱼类。根据此习性，可采取隔天换水的方法，换水量为水体的 30%～50%。在 7～8 月高温期，升高水位至 2.5 米，并加大换水量，改隔天换水为每天换水 1/3，换水时不可大排大灌，采用全天微流水，边排水边进水的方法。这样既可降温又增加了水中的溶解氧。夏季最好有冷水水源，使水温始终低于 30℃。9 月温度有所下降，水位保持 2 米，每天换水量为 1/5，池水恶化时，排出旧水，注入新水。根据养殖实践，鲟鱼的适宜生长水温为 18～25℃，所以夏季养殖池最好架设遮阴设施，避免阳光直射。

因为鲟鱼属于底层鱼类,它对水中是否缺氧不敏感,它不像常见的鱼类那样因缺氧而浮头,如管理人员不及时发现池水缺氧,将会造成大批死鱼。所以每天监测溶氧是非常重要的。当水中溶氧大于 6 毫克/升时,鲟鱼生长最快,一般溶氧大于 5 毫克/升即可,氨氮小于 0.0125 毫克/升,亚硝酸氮小于 0.2 毫克/升,尽量避免酸碱度大范围波动,酸碱度范围 7.7~8.5。

(2) 巡塘管理 巡塘主要观察鱼的活动情况、吃食情况以及水质等,以便及时调整养殖措施。巡塘每天至少需要 2 次:黎明时分观察水温、水色及池鱼有无浮头迹象;日间结合投饵检查水质及池鱼有无浮头预兆。盛夏季节,天气变化突如其来,最好在半夜前后增加 1 次巡塘,以便及时制止浮头,防止泛池事故发生。鉴于鲟鱼对溶氧的要求较高,因此养殖过程中防止池鱼浮头应是管理中的重头戏。如果浮头在黎明发生为轻浮头,因为日出后,浮游植物进行光合作用,放出氧气,浮头便逐渐消失。如果浮头发生在半夜前后即为重浮头,因为夜间水生植物需消耗氧气进行呼吸,溶氧有减无增,而距次日日出还有较长时间,因此浮头只会越来越重;从浮头的范围来看,鱼类在池塘中间浮头为轻浮头,如扩散池边,整个池面都有鱼浮头即为重浮头;另外,发现鱼浮头后,用声响或者手电光刺激,稍有惊吓即下沉者为轻浮头,如池鱼受惊吓不下沉、反应迟缓则表明浮头时间较长,程度已较重。解救浮头的有效措施是立即开动增氧机,同时结合排灌水,使水呈流动状态。也可以准备一些过氧化钙等化学增氧剂以备紧急抢救之用。值得一提的是,发现鱼浮头切不可惊慌失措,不可马上去捞除死鱼,因为那些浮头搁浅的鱼受惊吓后,会挣扎窜游,而此时水中氧气很少,底层已无氧气,浮头的鱼本身已筋疲力尽,若惊吓后下沉水底就再无能力浮上来了,反而加速其死亡。

做好防逃、防盗工作，特别注意鲟鱼池内不能进入含氯分子的物质，如漂白粉等。

（二）工厂化养殖

1. **水源条件**　水量较少的水源如井水，在重复使用时，必须经过处理，如沉淀、过滤、除氮和消毒等程序；在选择水源时，要重点考虑、搞清水温变化规律，应尽可能选择恒定适温的水源；选择水源或者建池时，提供水源所消耗的能源也应该考虑在内，长期流水供水量大，消耗能源多，无疑要增加生产成本，要考虑设计能够自然流入水池的水源。

2. **鱼池要求**　池塘适宜面积为 15～50 平方米，一般不超过 50 平方米。鱼池形状以圆形或者近似圆形为好，常用水泥池有条件的可以使用塑料或者玻璃钢结构。一般鱼种体重在 3～30 克时，水深 0.7～0.8 米，30 克以上水深 1 米。

圆形鱼池供水位置可以选择顶供水或者池中部侧供水。不论选择哪种供水方式，供水管口都应与圆形中心线形成一定角度，供水的冲力可使池水定向转动（图 1—10）。

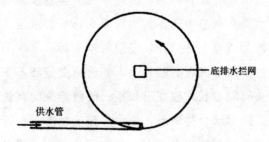

底排水拦网

供水管

图 1—10　圆形池供水示意图

圆形或者近似圆形鱼池的排水以中央底排为好，从池边到中央的池底做出一定坡度（通常为 0.05），必须能够彻底排干。水位的控制和排污方式用塞式排水节门或者套管式排水节门均可。

3．水交换量控制 较小的鱼池，养殖大规格鱼种或者商品鱼的前阶段水交换量每小时 1～3 次，面积在 50 平方米左右的鱼池，视水温、放养密度等情况，池水的交换量可以控制在 1～4 小时 1 次。

4．苗种放养 鱼池的放养密度可参照表 1－8。如果水的交换量达不到上述要求，则放养密度应根据实际情况向下调整。

表 1－8　流水鱼池放养密度参照

鱼体重（克）	水温（℃）	放养密度（尾/平方米）
3.1～5.0	22～24	5000～8000
5.1～30.0	24～26	2000～2500
30.0 以上	24～26	1000～1500
2 龄鱼		50～100
3 龄鱼		25～50

5．饲料投喂 可以直接将颗粒饲料投入池内，适宜温度下的日投喂次数和大体投喂时间可参照表 1－9。转入商品鱼池的鱼，应是完全接受配合饲料的鱼种。因此，转入后可直接投喂颗粒饲料。如果是没有完全驯化好的鱼种，应在入池后的一段时间内，仍用混合饲料或者继续完成驯化。混合饲料可采用下列成分比例：碎鱼肉 70％，配合饲料 20％，水解酵母 5％，磷脂 4％，预混料 1％。流水水池养殖鲟鱼时，鲟鱼的营养几乎完全来源于人工投喂，因此，投喂率较池塘要高些（表 1－10）。

表 1－9　适宜水温下每天投喂次数和大体投喂时间

鱼体重（克）	投喂次数	投喂时间（时）
3～5	6	5，8，13，16，22
5～25	4	6，13，16，23
25～60	3	6，14，21
60 以上	2	6～8，18～19

表 1—10　适宜温度下流水水池养鲟鱼的大体投喂标准

鱼体重（克）	投喂率（占体重%）	鱼体重（克）	投喂率（占体重%）
3～10	8～10	70～120	5～6
10～30	8～9	2 龄鱼	3～4
30～50	7～8	3 龄鱼	2～3
50～70	6～7		

6. 日常管理　根据鱼的生长和水温变化情况调整各鱼池的供水量，保证每池都有良好的供水和氧气；经常检查进排水口有无堵塞，及时清除堵塞物，保证水流畅通均衡，及时捞出病鱼和死鱼；注意每次投饵后鱼的吃食情况，调整投喂量，如鱼的吃食量明显减少，应查明原因，若是疾病引起的则应对症治疗。

第七节 罗非鱼　〉〉〉

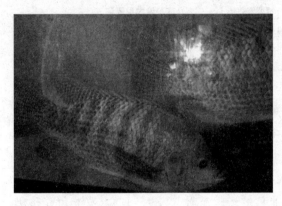

罗非鱼又称非洲鲫鱼。属硬骨鱼纲、鲈形目、鲈形亚目、鲷鱼科，有 100 多种。罗非鱼原产非洲，是一种热带中小型鱼类，其生命力强，适宜于淡水、海水、网箱和流水高密度集约化等养殖方式，具有生长快、产量高、食性杂和抗病力强等特点。罗非鱼肉质白嫩鲜美，无肌间刺，营养价值较高。体重 250 克左右的尼罗罗非鱼鱼肉中含蛋白质 17％左右，脂肪约 4％，还含所有人体必需的氨基酸，尤以谷氨酸和甘氨酸含量较高。1976 年春，联合国粮农组织将罗非鱼作为"有希望的养殖鱼"加以推荐，现已遍布 75 个国家和地区，成为世界性养殖鱼类。

我国在 1956 年首次从越南引入莫桑比克罗非鱼，开始了罗非鱼的养殖，当时称莫桑比克罗非鱼为越南鱼。此后又先后引入各种罗非鱼（表 1－11）。

表1—11　罗非鱼引入我国情况

年份	引入单位	引入品种	引入地
1956	农业部	莫桑比克罗非鱼	越南
1978	长江水产研究所	尼罗罗非鱼	苏丹境内尼罗河阿斯旺坝上游
1983	淡水渔业研究中心	奥利亚罗非鱼	美国引进，原产地以色列
1985	湖南湘湖渔场	尼罗罗非鱼	埃及尼罗河阿斯旺坝下游
1995	淡水渔业研究中心	尼罗罗非鱼	美国引进，原产地尼罗河下游
1994	上海水产大学	尼罗罗非鱼（吉富鱼）	菲律宾
1995	长江水产研究所	尼罗罗非鱼	苏丹境内尼罗河
1998	上海水产大学	尼罗罗非鱼	埃及境内尼罗河下游
1999	淡水渔业研究中心	奥利亚罗非鱼	埃及农业部水产研究中心
1999	淡水渔业研究中心	尼罗罗非鱼	埃及农业部水产研究中心实验室

　　我国的罗非鱼大规模养殖从1978年长江水产研究所引入尼罗罗非鱼开始，特别是1983年淡水渔业研究中心引入奥利亚罗非鱼，奥尼杂交鱼养殖之后，罗非鱼养殖取得了长足的发展。我国罗非鱼年产量1984年仅1.8万吨，到1999年达56万吨，占同年世界总产的70%。从我国近几年罗非鱼的产量来看（表1—12），罗非鱼养殖仍在迅速发展。国际市场对罗非鱼需求量也很大，如1998年美国就需进口4.3万吨，价值5270万美元。除美国外，罗非鱼在中东、东亚、西欧、中国香港等地区都有较大需求量。因此，罗非鱼养殖对我国渔业可持续发展起着重要的作用。

表1—12　近年我国罗非鱼产量

年　份	1995	1996	1997	1998	1999
产　量（吨）	314093	394303	485459	525926	561794

一、人工繁殖

1. **性腺发育** 池养罗非鱼的卵可自然达到生理成熟。卵巢发育时序：孵出后 30 日龄的鱼，卵巢处于第Ⅰ期，40～60 日龄处于第Ⅱ期，60～90 日龄处于第Ⅲ期，100 日龄进入第Ⅳ期，120～130 日龄达到第Ⅴ期，此时卵子已成熟，即可与雄鱼交配产卵。精巢的发育时序：孵出后 30～50 日龄的鱼，精巢处于Ⅰ～Ⅱ期，50～60 日龄为第Ⅲ期，70～80 日龄处于第Ⅳ期，90～110 日龄进入第Ⅴ期，达到成熟高峰，精巢内储有大量精子。

罗非鱼的性腺发育是非同步性的，系典型的一年多次产卵型鱼。产出部分成熟卵后的卵巢很快恢复至第Ⅳ期中，然后发育至第Ⅳ期末，进入第Ⅴ期产卵后又恢复到第Ⅳ期中期。如果环境适宜，生态条件得到满足，它可以反复不断地发育下去。在我国长江中下游地区，一般情况下，罗非鱼一年能繁殖 3～4 次。雄鱼在自然交配排精后，仍处于第Ⅴ期，精巢中还贮有大量精子。因此，1 尾雄鱼可与数尾雌鱼交配。在生殖季节晚期，最后一次交配排精后，精巢短时间处于Ⅳ期。

2. **生殖特性**

（1）产卵时间 春季当水温达 20℃以上时，尼罗罗非鱼就有营造产卵巢的生殖行为。雌鱼产卵的适温范围为 24～32℃，临界温度为 20～38℃。在我国长江中下游地区，产卵时间一般发生在 5～9 月；产卵间隔为 20～60 天，其间可产卵 3～4 次。北方地区产卵时间短，南方地区较长。7～8 月水温超过产卵温度的上限，这时产卵减少或者不产卵。雄鱼对水温的升降比雌鱼更为敏感。

（2）亲鱼产卵前的行为 水温达 20℃以上时，雄鱼即离群占地营巢，雄鱼用口不断将泥沙衔出，挖成形如盆状的鱼巢。巢建成后，

雄鱼守卫在巢周围，并驱逐其他的雄鱼。如同一水体中雄鱼较多时，就会发生争斗，影响产卵活动。

（3）产卵　雌、雄鱼按3∶1进行配对放入产卵池。此时雄鱼全身发红，头、尾部尤为鲜艳，生殖乳突外突，雌鱼体色也有些发红，生殖孔也外突。建好巢的雄鱼将雌鱼诱入巢内，相互追逐、打转，当发情到高峰时，雌鱼开始产卵，卵分数次产出；每次产出的卵粒随即吸入口中，雄鱼即排精，精液随水又被雌鱼吸入口内，卵子则在雌鱼口腔内受精。产卵时间有时可达半小时之久。

（4）产卵的最小个体与产卵量　由于环境因素的不同，亲鱼达到性成熟时个体的大小差别很大。一般全长15厘米、体重25～30克的鱼性腺已经成熟。产卵量的大小与雌鱼个体大小及营养状况有关。一般50克的鱼能产600粒左右，体重150克的鱼产卵1200粒左右，而体重为250克的能产卵1500粒左右。

（5）孵卵、护仔　尼罗罗非鱼卵受精后，雌鱼即含卵离巢，从受精卵直至仔鱼的卵黄囊消失、自由摄食天然食料为止都在雌鱼口腔中进行。孵化出苗所需的时间与温度有关，温度稍低的情况下，一般需要12～15天。在这期间雌鱼的下颌向外突鼓，呈囊袋状，以容纳卵或者仔鱼，且不与其他鱼合群，也基本不摄食。

3. **胚胎发育**　尼罗罗非鱼的卵呈浅黄色或者金黄色，卵黄大、胚胎小，形如鸭梨，无黏性。卵膜光滑透明，富有弹性，紧紧包住卵球。受精卵吸水膨胀，带卵膜测定，其长径为2.06～2.40毫米，宽径为1.53～1.80毫米，卵径大小随亲鱼大小而有差异。受精卵孵化时间与水温关系密切，水温25℃时孵化时间为6～7天，温度高则时间短。整个胚胎发育期积温需要2152～3020℃/时，比家鱼的孵化时间要长。

4. **产卵池**

（1）产卵池的选择　产卵池要选择水源充足、交通方便、环境安静的地方。形状要整齐，没有漏洞，以东西长、南北宽的长方形最好，这样便于拉网操作和增加日照时间。池塘的面积一般为1～2亩，便于管理，水深在1米左右，底质必须平坦，要有一定的淤泥；水质要肥，但要保证无毒害或者不要太肥。

（2）产卵池的清整　在放养亲鱼前，要对池塘进行清整，填补漏洞裂缝。并在亲鱼下塘前10～15天，用生石灰清塘消毒，杀死各种野杂鱼，消灭鱼的病虫害。产卵池经消毒后，加注新水，注入的水必须无毒害。池塘的进水口也要用密网设栏，防止野杂鱼、卵和其他敌害进入。

（3）施肥　亲鱼放养前一周施基肥调节水质，常用的肥料有粪肥和绿肥。一般每亩施粪肥250～500千克或者绿肥500～750千克，成堆地施放在池岸浅水处，隔2～3天翻动1次，使其充分腐烂分解。

5. 亲鱼的放养　每年春季，水温上升到18℃以上时，可将亲鱼按一定雌、雄比率从越冬室放养到已准备好的产卵池中，产卵，孵化。肉眼可分辨雌、雄：雌鱼在肛门和泌尿孔间有一生殖孔；雄鱼在肛门后只有泄殖孔（泌尿与生殖合为一孔），但有开口小而呈圆柱形的生殖突起（图1-11）。繁殖可分纯种繁殖和杂交鱼繁殖。

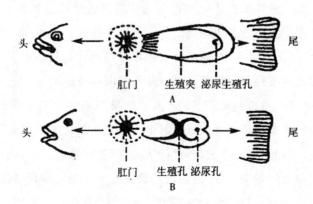

图1-11　罗非鱼雌雄生殖器

A. 雄鱼　B. 雌鱼

（1）纯种繁殖 作为繁殖用的亲鱼在从越冬池移出后必须进行选择。选择亲鱼，一定要注意"种"的纯度，特别是进行纯种繁殖，更不能混有其他种类的罗非鱼。选择种纯的优良性状的个体作为亲鱼，可保证有较好的遗传性状；亲鱼还要选择体形完整、背高体厚、头口较小、体色正常和斑纹清晰的个体；另外，还要选择生长快、体质健壮和无伤无病的个体。选好的亲鱼按雌、雄比 3：1 尽快放入产卵池。放养的密度不能过大，以免缺氧，引起亲鱼吐卵、吐苗。一般每亩放养 250～300 克/尾的亲鱼 600 尾左右。

（2）全雄杂交鱼的繁殖 由于杂交苗如奥尼罗非鱼的生长速度快，雄性率高，生产上一般都进行杂交。杂交的亲本种必须纯，如要将尼罗罗非鱼与奥利亚罗非鱼杂交获得全雄奥尼罗非鱼，就一定要以纯种的尼罗罗非鱼作为母本、奥利亚罗非鱼作为父本杂交。如果种系不纯，或者雌、雄鉴别不准确，则雄性比率必然不高。引进或者筛选好的纯种尼罗罗非鱼和奥利亚罗非鱼须分别用专池培育，不得相混，加强饲养管理，为繁殖做好准备。

为了获得规格整齐、高雄性率的杂交后代，亲鱼选择有三个关键：一是准确鉴别雌、雄，性别不明确的鱼一律不用；二是成熟度要相近，大小悬殊的鱼不能用；三是切勿选进雄性尼罗罗非鱼或者雌性奥利亚罗非鱼。亲鱼体质健壮，无病无伤残，体重 200 克以上，按雌、雄 3：1 或者 5：2 的比例放在育种池内，亩放亲鱼 10 千克左右。育种池内不得混养鲤鱼、草鱼及其他肉食性鱼类。

6. 出苗 亲鱼放养后 15 天内要经常巡塘，注意亲鱼的活动，亲鱼产卵后，受精卵在母鱼口中孵化。水温 30℃左右，经过 4～5 天孵出鱼苗，再经过 6～9 天，鱼苗就会成群游向池边。这时应及时捞苗，否则鱼苗经过 2～3 个月龄就具繁殖能力，与池中比例较多的雌尼罗罗非鱼杂交（回交）产生后代，使雄性率下降。另外，大的罗非鱼会吃小鱼。在清晨或者傍晚鱼苗集中在池塘周围时，用三角抄网沿池边捞取鱼苗，放在网箱暂养或者转入苗种池培育。另外，从亲鱼孵出大批的鱼苗起，每隔 7 天左右，最好在晴天上午用柔软的被条网在繁殖池内扦捕鱼苗 1～2 次，以免先产与后产的鱼苗混在一起，使得鱼苗规格不整齐；也可防止大鱼吞食小苗的现象，提高出苗率。

二、苗种培育

罗非鱼在一个生殖季节里可产几次卵，因而孵出的苗种有早期和中、晚期之别。不同时期的鱼种当年成长的规格大小不一，为充分发挥罗非鱼在一个生长期内的生产潜力，各期苗种培育有一些不同的特点。

1. 早期苗种培育 关键在于保温、稀养、培育丰盛的浮游动物及合理投喂饵料。

（1）鱼池准备及苗种放养 苗种池要背风向阳，光照充足，东西向，不漏水，底质肥而污泥少；池底平坦，四周有浅水区。面积 1～2 亩为宜，水深 1.5 米左右。育苗前 10 天左右放干池水，每亩用 60～75 千克生石灰清塘，3～4 天后回灌水 70～89 厘米深。在放养鱼苗前 4～5 天，每亩施人、畜粪 200～300 千克，做到肥水下塘，使鱼苗下池后就能吃到丰盛的天然食料。

一般每亩可放养鱼苗 4 万～5 万尾，如果亩放 2 万～3 万尾，则可利用水中的浮游动物为食而快速生长。放养时要注意水温差，如池水温度与运苗容器内水温相差 3℃以上时，要使两者的水温逐渐调至接近时才能放养。

（2）饲养管理 鱼苗下塘时，水的透明度在 30 厘米以上，每亩需施猪粪或者人粪 150～250 千克。一般每天每亩施 50～100 千克猪粪或者人粪，以维持水的肥度。当水质过肥时，则要加注新水，使

池水的透明度保持在 25 厘米左右。阴雨天不施肥，否则可能造成池水缺氧。每天上午 9 时投喂黄豆浆，投喂量视水中浮游动物多少而定。一般每亩用黄豆 1.5～2 千克，磨成 30～35 千克浆后，全池泼洒，连续 5～7 天。如连绵阴雨，池水不肥，可多泼施几天。随着鱼苗的生长，其食量渐渐增大。当池内浮游动物不能满足鱼苗采食时，特别是当鱼苗长至 2 厘米时，需增喂精饲料。将糠、饼浸泡半天或者菜饼泡浸 24 小时后，沿池周浅滩投喂。每天喂 1～2 次，数量以 2 小时内吃完为宜。要注意适时加注新水，整个培育过程注水 3～5 次，每次约 15 厘米深，使透明度保持在 25 厘米。要勤巡塘观察，随时去除敌害，发现问题及时处理。

（3）出池　当苗种长到全长 5 厘米时，就可捕出放入大塘养成商品鱼。拉网扦捕要在鱼不浮头时进行，一般以晴天上午 9 时到下午 2 时以前为好。起网时带水将鱼赶入捆箱内，清除黏液、杂物，让鱼种适应后再过数分养。罗非鱼苗高密度集中在捆箱内时，容易缺氧，故放于捆箱内的时间不能太长。

2. 中、晚期苗种培育　当年培育的中、晚期苗种，一般是供第二年养成商品鱼用的鱼种。用越冬后的鱼种养成的商品鱼一般规格大、产量高、产值大。

（1）鱼池准备与苗种放养　培育池条件，以及清塘、施基肥、肥水下塘等操作与早期苗种培育相同。鱼池面积以 1～2 亩为宜，面积宜小些，以便分批分规格饲养，也便于管理。中、晚期育苗池在前期可用来养一季商品鱼，以便充分发挥池塘的生产潜力。放养密度则按育成鱼种的规格大小、饲养管理水平以及苗种下塘时间的迟早而定。如育成鱼种的规格太小，越冬时成活率就低；规格过大，鱼种越冬成本又过高。以育成 4.5～5.5 厘米的鱼种为好，为了达到这个规格，6、7 月至 8 月初的鱼苗，最高每亩可放养 30 万尾；9 月，放养密度为 8 万～10 万尾，力求出池的鱼种达到合适的规格。

（2）饲养管理 中、晚期苗种培育时的水温已在30℃左右，因温度适宜，苗种生长较快。如放养时水质肥沃，浮游生物生长旺盛，可不必喂豆浆，从第二天开始添加少量的精饲料；也可以先喂豆浆2～3天后，即施肥与投饵相结合培育。每万尾苗种每天用黄豆0.5～1千克。精饲料可制成干粉散撒，投饲量以10分钟内吃完为度，每天2～3次。风雨持续较大时停喂。罗非鱼抢食性强，人工投喂糊状饲料时，要特别注意投饵均匀，使苗种都能适量吃食而均衡生长。7月下旬以前放养的鱼苗，可采取"促两头、抑中间"的方法培养，即从鱼苗下塘起就加强饲养，到全长3～3.5厘米时，可减少投饲量，控制其生长；到9月中旬前后起再适当增投饲料，以增强其体质，这样有利于越冬。8月下旬前后放养的鱼苗，应稀养、强化培育，才能达到所要求的规格。饲养过程中要防止水质老化和缺氧。必要时，可使用增氧机。

3. 鱼苗运输 目前广泛使用的是尼龙袋充氧后密封运输。尼龙袋充氧密封运输适宜于装运鱼苗和3厘米左右的夏花鱼种；特制的橡皮袋充氧可装运大规格鱼种。常用尼龙袋的规格为70厘米×30～40厘米，一般盛水为容积的1/5，充氧4/5。每只袋装运的密度，依苗种大小、温度高低和运输时间的长短而定。一般温度低、运程短、鱼体小，密度可大些；反之，则应小些。如当水温25℃左右，运程20小时，可装鱼苗1万～1.5万尾或者1寸（约3.3厘米）左右夏花1500～2000尾，成活率达90％以上。

三、成鱼养殖

由于罗非鱼不耐低温，其生长期通常为4月中旬至10月中旬。

（一）池塘养殖

罗非鱼可以搭配在以草、鲢、鳙等鱼为主体的养殖池塘中养殖；

可以和草鱼、鲢鱼混养；也可以罗非鱼为主，而搭配鳙、鲴等鱼；也有进行单养的。搭配养殖时，尼罗罗非鱼每亩产量为 100～180 千克，主养时亩产可达 500 千克左右，单养时则可更高。

1. **池塘条件** 养殖尼罗罗非鱼的池塘条件无特殊要求。应是不漏水、不太荫僻、无污染的池塘。面积几十平方米到几万平方米均可。水深最好为 1.5～2.5 米。太深，捕捞、干塘不便；过浅，水温变化大，对鱼生长不利。池塘应有良好的水源，进排水方便。水质要肥，水中饵料生物丰富才能获得满意的养殖效果。

2. **鱼种放养** 鱼种有隔年的越冬鱼种，也有当年早、中期繁殖的鱼苗快速育成的鱼种。越冬鱼种一般规格较大，养成的商品鱼规格大，商品价值高。如放养得当，年底可长到平均体重 0.35～0.4 千克，最大的可达到 0.8 千克左右。但越冬成本高，技术上要求较高。当年早繁苗育成的鱼种，饲养得好，年底可养成平均体重 0.15～0.25 千克，其中 0.25 千克的可占 1/5。如果采取稀养肥育，最大个体可达 0.5 千克。当年中期苗育成的鱼种，苗多、易得、成本低，但当年一般只能长到 0.1～0.15 千克，商品价值较低。各地可按当地苗种生产和来源的可能条件，因地制宜地采用合理的鱼种规格和适当的养殖方式放养，以获得最佳的经济效益。

(1) **放养密度** 放养密度要根据池塘条件，同一池内各种鱼的总量，要求达到的出池规格，技术水平和肥料、饲料等综合因素而定。下面列出在一般养殖水平下几种养殖方式的放养密度。

①池塘单养罗非鱼。如果计划亩产 400～500 千克罗非鱼，则每亩放养 2500 尾长 10 厘米左右的越冬鱼种或者放养早繁夏花 4000～4500 尾。若计划产量更高，还要进行轮捕轮放，即第一次放养大规格冬片，到 7～8 月将个体大的捕出上市，再放养当年夏花，入秋后于晴天干池捕捞。

②以罗非鱼为主的混养方式。在我国南方，由于适温期长，多

采取这种方式。一般春季每亩放养规格为 4～6 厘米的罗非鱼种 2000～3000 尾和规格为 10～15 厘米的罗非鱼 190 尾，再混养 10 厘米左右的鲢、鳊、草鱼 600 尾，采用密养、轮捕、捕大留小和不断稀疏的方法饲养。

③以罗非鱼为搭配品种的养殖方式。在家鱼成鱼池搭配罗非鱼时，罗非鱼可以一次放养，也可以多次轮放，每亩放冬片鱼种 500～1000 尾，当年夏花 1000～2000 尾，这种混养方式下罗非鱼产量可占池塘总产量的 10%～20%。鱼种池混养罗非鱼时，一般不混养罗非鱼冬片鱼种，因其规格大，争食而影响草、鲢等其他鱼种的生产。生产中通常每亩放养早繁苗的寸片 500～800 尾。

（2）放养时间　越冬鱼种应在池塘水温稳定在 18℃ 以上时放养，长江中下游放养时间为 4 月中下旬至 5 月上旬。北方要推迟，南方可适当提早。当年的鱼苗，早、中期苗都要坚持养到全长 4.5 厘米以上，并力争在 6 月底前放养，越早越好。这样使鱼对环境有较强的适应能力，从而保证较高的成活率。

3. 施肥与投饵　罗非鱼是喜肥水、耐低氧、杂食性的鱼类，池塘养殖采取施肥与投饵相结合的方式，可取得较好的生产效果。单养罗非鱼的池塘，放养前施放底肥。每亩施粪肥或者绿肥 300 千克，鱼种入池后每隔 2～3 天追肥 1 次，每亩施肥量 100～150 千克；或者每周 1 次，每亩施肥 200～300 千克。投喂油粕类、麸皮或者配合饲料，日投喂量为池中鱼总重的 2%～3%，上午、下午各喂 1 次。5 月间水温低，鱼种刚下塘时应少喂，7～9 月水温高，鱼食欲旺盛应多喂。罗非鱼的成鱼塘，要求水质肥沃、透明度为 25～30 厘米，要经常看水追肥。如透明度低到 20 厘米左右，水呈乌黑色，表明水质已经趋于恶化，则要及时加注新水。施肥前如水质已较老，应先灌注新水，防止水质过肥恶化。

到 8 月下旬，可适当增加精料的比例。投喂饲料要沿塘边浅滩

四周泼洒，以便池鱼均能吃到食料，并做到定时、定量和定点。还要经常添喂青饲料，增加食物的多样性，以促进生长，节约成本。

4. 日常管理　为防止鱼类严重浮头而死亡，在阴雨、低气压时应减少或者停止投饵。在雨后或者午夜要特别注意巡塘，必要时采取增氧措施，防止池鱼泛塘。

（二）网箱养殖

网箱养鱼实际上是利用大水体的良好生态环境，结合小水体密放精养措施以实现高产。网箱养殖罗非鱼在我国已成为罗非鱼养殖的最主要形式，无论是养鱼种还是养成鱼都是可行的，这种方法充分利用了湖泊、水库和外荡等天然水资源。

1. 网箱结构和设置

（1）网箱箱体　封闭浮动式网箱是由箱体、框架、锚石、锚绳、沉子和浮子五部分组成的正方形或者长方形六面体。最常见的规格有 7 米×4 米×2.3 米、5 米×5 米×2.5 米、4 米×3.5 米×2 米和 4 米×5 米×2.5 米等几种。箱体通常以聚乙烯为原料，分有结和无结两种。网目大小视入箱时罗非鱼规格大小而定，一般采用的网目为 1.6 厘米、2.5 厘米和 3.0 厘米三种规格。

（2）框架　采用直径 10 厘米左右的圆杉木或者毛竹连接成内径与箱体大小相适应的框架，利用框架承担浮力把网箱漂浮于水面，如浮力不足可加装塑料浮球，以增加浮力。

（3）锚石和锚绳　锚石是重约 50 千克的长方形毛条石。锚绳是直径为 8～10 毫米的聚乙烯绳或者棕绳，其长度以设箱区最高洪水位的水深来确定。

（4）沉子　用 8～10 毫米的钢筋、瓷石或者铁脚子（每个重 0.2～0.3 千克）安装在网箱底网的四角和四周。一只网箱沉子的总重量为 5 千克左右，使网箱下水后能充分展开，以保证实际使用体积和不磨损网箱为原则。

（5）浮子 采用泡沫塑料浮球，均匀分布在框架上或者集中置于框架四角。

（6）网箱装置 将网片按设计要求缝合成六面体，箱体的各边都要装上聚乙烯钢绳（规格 0.5 厘米左右），这样可使网片承受拉力。入水时先下框架，然后缚锚绳、下锚石，固定框架，而后把网箱与框架扎牢。网箱的盖网最好撑离水面。如网箱盖网不撑离水面，则要定期进行冲洗。网箱排列既要保证有充分交换的水，又要保证操作管理方便。

2. 鱼种放养 鱼种放养的规格必须基于在有限的生长期内保证足够的群体产量，而个体达到最佳商品规格之上。网箱养殖罗非鱼增肉倍数可达到 10 倍左右，冬片放养规格以 20～30 克/尾为佳，选择该规格的鱼种饲养，不论从出箱商品规格还是增肉倍数和市场需求都是较理想的。

鱼种放养密度是决定鱼类生长水平的基本因素，也是影响群体产量的重要因素。通常认为放养规格为每尾 30～50 克的罗非鱼鱼种，最大密度为每平方米 2000～2500 尾，一般每平方米不得超过 75 千克。当放养 50～100 克/尾的罗非鱼种时，最适宜的密度为 200～400 尾/立方米。鱼种规格越小，放养密度越大。

3. 网箱投饵 目前，都是投喂根据罗非鱼的营养需要专门配制的颗粒饲料，饲养效果好。投喂的数量随箱中鱼体重的增加和水温上升而增加。投饵率一般是幼鱼阶段高，其他阶段低一些。日投饵量依鱼体大小、水温和饲料等因素而定。具体投饵时，还必须仔细观察每箱鱼的摄食情况，判断其饱食程度，随时调整实际投饵量。

网箱养鱼的成败，在很大程度上取决于管理。日常管理工作一般应包括以下几个方面：经常巡视，观察鱼的动态，检查鱼的摄食情况和清除残饵。保持网箱清洁，使水体交换畅通。及时防病治病。

注意防止有毒污水流入。进行安全检查，严防逃鱼。汛期及大风期间，水位变化急剧，要经常调整锚绳。定期检查鱼体，记好网箱饲养日志。

（三）流水池饲养

流水池饲养要求饲养过程中池水不断更新，使饲养水体的水温、水质、溶氧、光照和饲料等条件处于最佳状态，从而实现高密度和高产量养殖。流水池饲养罗非鱼，大体可分下列几种类型：一种是普通流水式，利用江河、湖泊、山泉和水库等天然水源，不经过加温增氧，直接引入鱼池，用过的水不再重复使用；一种是温流水式，利用工厂排出的废热水、温泉水等热力源，经过简单处理，如降温或者和其他冷水源混合调节至最佳温度，增氧后再注入鱼池使用，鱼池排出的水也不回收利用；一种是循环过滤式，将鱼池排出的水，经过净化处理后再注入鱼池，反复循环使用。

1. **鱼池设计** 目前国内流水池的形状主要有长方形、圆形和椭圆形等多种，面积一般以 20～50 平方米为宜。池壁高度 1.5 米左右，水深 0.5～1.2 米。

2. **鱼种放养** 流水池中的鱼种投放密度虽然比普通鱼池高得多，但也受多种因子的制约。鱼种放养密度是根据饲养密度确定的。以饲养密度除以鱼种增重倍数，再除以存活率即求得鱼种放养密度。如某流水池罗非鱼的预期产量为 100 千克/平方米，预定鱼种的增长倍数为 10，存活率为 85%，求放养密度：

放养密度＝（100÷10）÷0.85＝11.76 千克/平方米

再根据鱼种的平均体重，即可换算出单位面积的放养尾数。

3. **饲养管理**

（1）投饵量及投饵方法 流水养罗非鱼以投喂配合饲料为主，可适量搭配青饲料。投饵量一般是根据池中鱼的总重量，求出日投饵量。每天投喂 3～6 次，每次投饲时间为 20～30 分钟，上午、下午各 2～3 次，鱼的投饵量要酌情增减，并勤检查。影响投饵量的因素有水温、溶氧、鱼体大小和饲料质量等多种。

（2）鱼病防治　流水池中养罗非鱼，由于密度高，也时常发生鱼病，而且蔓延快，死亡率高，要及时治疗。

（3）调节鱼池水流量　随着鱼体的长大，要逐步增加池水交换量，以保证池水溶氧充足，促使鱼迅速生长。一般以池出水口处的水中溶氧不低于 3 毫克/升为池水交换的依据。

（4）定时排污　流水池中鱼的密度大，投饵量大，排泄的粪便、残饵等也多，消耗水中的氧，同时会积累氨等有害物质，不利于鱼类生长，必须及时排除。根据鱼的密度及具体情况，每 4～6 小时排污 1 次或者每天早晚各排污 1 次。

四、越冬管理

罗非鱼是热带性鱼类，耐寒能力较差，当水温降到 14℃ 以下就会冻死。我国除了广东、广西和台湾的部分地区，通常大部分地区养殖罗非鱼都必须采取越冬措施，才能安全越冬。到翌年外界与温室的水温相近时，再将鱼分别放回繁殖池和养殖池，以便正常繁殖和生长。越冬时，要求在有限的水体中，使最多的罗非鱼安全生活，以便降低生产成本。

1. 越冬方式　越冬方式是指越冬池中热能的来源形式。目前我国利用热能的形式主要有电厂的冷却水、地下热水、温泉、深井水和人工加热等。用电厂冷却水越冬的优点是放养密度高、投资小、成本低、效果好，还可以提早进行繁殖。地下水一般温度比较恒定，几十米以下的深井水，水温可以保持在 18℃ 左右。普通井水冬天水温也可以在 10～15℃，因此，可用作越冬池水源。但在使用地下水

之前，必须对水质进行分析，检查有无毒性物质。

温泉水的水温一般比较高，通常可达 30～70℃，完全可以使大面积越冬池水温保持在 18℃ 以上，保证罗非鱼正常越冬。人工煤、电加热，虽然可以造成罗非鱼越冬的小环境，但一般需耗费大量能源，故成本很高。

2. 越冬室与越冬池　在长江中下游地区，罗非鱼的越冬长达5～6 个月，由于要使越冬池温度维持在罗非鱼最低生存温度以上，所以增温和保温成了越冬室和越冬池必备的功能。为了节约能源，越冬室应尽量利用日光。因此，一般都利用玻璃或者透明塑料薄膜作为主要覆盖材料，大致有三种类型：

（1）玻璃棚温室　用玻璃作为采光材料。为了尽量多采光，在建筑上一般选用全坡式屋顶，即其顶部的向南一坡全为玻璃顶，向北的一面为后墙。

（2）塑料大棚温室　覆盖材料为聚氯乙烯薄膜或者聚乙烯软质薄膜。用钢材、水泥制件或者毛竹作为支柱和拱架，墙和顶部都是用薄膜覆盖。

（3）简易温室　在池边搭棚并覆盖成全封闭式，或者在采光面用玻璃或者薄膜采光，无日光时可用草帘覆盖保温。

越冬池的大小根据热源的种类与生产规模而定。直接利用能源加热的，面积在 15～30 平方米为好。利用电厂冷却水及地下热水，则面积可以大一些，40～60 平方米。利用地下温泉，水温高，流量大，面积还可以大一些。越冬池最好是水泥池，形状通常有方形和圆形两种，布局要紧凑集中，以便建造温室和有利于越冬过程的饲养管理。

3. 越冬之前的准备工作

（1）越冬池的处理　对新建的水泥越冬池，要经过浸泡后方能使用。使用前最好用酸度计或者 pH 试纸测定池水的 pH 值，当基本达到中性后，再加注新水。老的越冬池在使用前要认真检查维修，在放鱼前 3~5 天，要用药物进行消毒处理，一般可用 10 毫克/升的漂白粉液泼洒池壁及池底。

（2）越冬所需机电等设备　如水泵、电动机、增氧机、电热器、锅炉、管道、电源设备和渔具等要配备齐全，对易坏部位要有必要的配件。鱼种进池前，须调试运转，发现问题则应及时处理。

（3）越冬鱼的锻炼　在越冬前半个月左右，要对越冬的鱼进行密集锻炼，并淘汰体弱或者受伤的鱼。

4. 进池越冬

（1）进池时间　一般情况下，当自然水温为 18~20℃ 时进池，最低不能低于 16℃。

（2）进池鱼的要求

①亲鱼。应严格选择亲鱼。

②鱼种。越冬鱼种规格以 4.5~5 厘米为好。太大，越冬池利用率低；过小，鱼种在越冬过程中适应性差，影响成活率。鱼的鳞、鳍完整，体质好，顶水力强。鱼种一定要按不同规格分池越冬，不可大、小混于一池。

（3）放养密度　越冬时的放养密度与水质、水中溶氧状况以及增氧、排泄、越冬方式和鱼的大小规格等因素有关。通常温流水池放养密度为：亲鱼放养密度为 30~40 千克/平方米；鱼种 10~25 千克/平方米。规格小，密度相应小一些；规格大，密度可大一些。

（4）消毒　亲鱼、鱼种在放入越冬池前应先用 3‰~4‰ 的食盐溶液药浴 5 分钟，或者用 5 毫克/升的高锰酸钾溶液浸泡 5 分钟。

5. 越冬期间的饲养管理　越冬池内鱼的密度高，必须十分注意饲养管理。一般分为早、中、晚三个阶段管理，在进池早期和即将出池的后期温度稍高一些，并适当多投食；中期温度低，投食应减少。这有利于早期鱼体恢复，中期维持生命所需的能量，晚期促

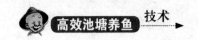

进鱼的体质健壮和性腺发育，以便出池后不久即能生长或者产卵。

（1）控制水温 罗非鱼越冬期水温应在16℃，甚至18℃以上。虽然在12～16℃时鱼不会马上死亡，但易发生水霉病。水温切不可忽高忽低，尤其不可突降2～3℃。越冬前期和后期保持水温18～20℃，中期16～18℃为好。

（2）排污 残饵和粪便是越冬池内的主要污物，它们沉在池底，不仅耗费大量的氧气，还会产生有毒物质，影响越冬鱼的生存，必须定期排污。

（3）增氧 水池都应配备增氧设备，保证充足的溶氧。

（4）投饵 投饵应以营养丰富的精饲料为主。一般应采取两头多、中间少的方式投喂，即刚进池的早期适当多投喂些蛋白质含量较高的，如豆饼、蚕蛹、菜饼或者配合饲料。每天投喂量为总体重的2%，分2次投喂。越冬中期，投饵量可减少，占体重的1%～0.5%；3～4月，水温上升，摄食量增加到2%，每天仍分2次投喂。投下的饲料在1小时内吃完为好。鱼种投饵宜少量多次，每天要投喂3～4次。越冬期间最好投喂部分青饲料，以补充营养，其中以浮萍为最好，也可投喂绿叶菜。流水池中投喂时，水流暂停，使鱼安静地吃食，避免饵料流失。

（5）日常管理 必须专人管理，随时掌握水温变化情况，观察鱼的活动和摄食情况，一旦发现异常，应及时处理；发现鱼病及时治疗；水质恶化，立即排污或者换水。越冬后期，应特别注意越冬室的通风、换气。

第八节 加州鲈鱼 　　　　>>>

　　加州鲈（图1－12）又名美洲大口鲈、加州鲈鱼、大口黑鲈，在分类学上隶属鲈形目、棘臀鱼科、黑鲈属。该鱼自然分布范围在北纬25°～50°，西经70°～125°，原产美国加利福尼亚州密西西比河水系，属温水性鱼类，系当地重要的游钓鱼种之一。我国台湾省于20世纪70年代由民间引进，已建立起该鱼种的繁殖技术；广东的深圳、佛山等地也于1983年相继繁殖成功。繁殖的鱼苗引种推广到江苏、浙江、山东、上海等地养殖，都取得了较好的经济效益。

　　加州鲈鱼肉质坚实，味道鲜美，且细骨少，营养价值高，该鱼在我国港澳地区被认为对伤口愈合有特殊功效，故在市场上很受欢迎。加上易暂养及运输，可活体上市，因此十分畅销，市场价格也相对较高。另外，加州鲈还可供游客垂钓，很受广大游钓

图1－12　加州鲈

者的喜爱，这对发展游钓渔业及旅游业很有帮助。

　　加州鲈抗病力强，成长快，易起捕，个体大，适应性强，病害少；可在池中单养或者在鱼塘中混养，也适宜在网箱中高密度养殖，养殖经济效益十分显著，是优化、调整淡水养殖品种结构，发展高效渔业的重要养殖鱼类之一，非常具有推广价值。

一、人工繁殖

繁殖加州鲈鱼苗通常有三个途径：一是池塘自然产卵，这样可收到2.8～5.0厘米的鱼种；二是在池塘中人工产卵，施肥育苗；三是在水泥池催情产卵，投饵育苗。加州鲈养殖所需鱼种，主要通过人工催产繁殖获得。具体方法是人工注射外源激素，让其自然产卵或者人工授精，从而达到同步产卵，以保证鱼苗数量及大小的均匀，适合生产上采用。

1. **亲鱼的选择** 加州鲈亲鱼的选择，可结合秋冬干塘收获时进行。加州鲈亲鱼一般至少满1龄才能成熟产卵，2龄以上者则全部达到性成熟。因此供人工繁殖的亲鱼，选择2龄的亲鱼较为适合。所选的亲鱼要求体质好、个体大、体色及体形好、无损伤、无病害，鱼鳞及鳍条完整，个体重量为350～500克。

2. **亲鱼的培育** 加州鲈的亲鱼培育对于促进亲鱼性腺成熟，提高人工繁殖的催产率、孵化率及苗种的质量而言是决定性的一个重要环节，只有在亲鱼性腺发育良好的基础上，再辅以适当的催产措施，人工繁殖方能获得良好的效果。加州鲈亲鱼可专池培育或者套养培育。

（1）**专池培育** 专池培育的池塘要求靠近水源，进排水方便，以面积1～1.5亩、水深1.5～2米为宜。要求池水水质清新、池底无淤泥、溶氧量高、呈中性或者微碱性，有条件的可用流水或者微流水培育亲鱼。每亩放养500克左右的亲鱼300～400尾，雌、雄鱼比例为3：2或者1：1。秋冬季雌、雄鱼可混养，并适当混养一些大规格鲢、鳙鱼以控制水质。也可放十几尾鲤鱼以清除加州鲈饵料的残渣。以5～6厘米的罗非鱼或者家鱼种当作饲料，成活率达80%～90%。

（2）**套养培育** 套养培育，即将加州鲈亲鱼套养在家鱼亲鱼塘或者食用鱼鱼塘中，每亩放10～20尾。如草鱼亲鱼池一般水质清新，溶氧量高，加州鲈亲鱼还可摄食池塘内野杂鱼类，亲鱼成活率可达100%。但套养培育也存在缺点，较专池培育主要是亲鱼性腺发育不同步，较难短期集中产卵。

（3）培育期的管理　亲鱼培育期间可投喂饲用冰鲜鱼、家鱼鱼苗等，或者投喂80%鱼肉浆加20%鳗鱼饲料，并加拌适量维生素E。每天投喂量占亲鱼体重的3%～5%，上午、下午各1次。也可投喂体长5～6厘米的家鱼苗种，注意投喂时速度要慢，保证鱼能吃饱。自2月开始，应对亲鱼进行强化培育，强化培育以增加和改善饲料的质和量来实现。平时除投冰鲜鱼外，还要适当投喂一些活的小鱼、小虾，让亲鱼吃饱吃好；加强冲水刺激，每周冲水2次，以促进亲鱼性腺发育。

保持水质清新，当透明度低于30厘米时，应及时换注新水；遇闷热天气，要经常开增氧机增氧，否则亲鱼浮头会延缓性腺发育。3月初结合检查亲鱼性腺发育情况，对雌、雄鱼分塘进行强化培育，以防止雌鱼流卵或者早产。

3. 雌、雄及成熟度的鉴别　平时加州鲈的雌、雄鱼难以辨别，但到了生殖季节，则很容易区别。成熟雌鱼体形较粗短，体色较暗，鳃盖部光滑，胸鳍呈圆形，后腹部膨大、松软，卵巢轮廓明显，生殖孔红肿突出（但若过分突出则容易难产），上下两孔，用手轻压有卵粒流出。成熟的雄鱼则身体狭长，体色较深且艳，鳃盖部略粗糙，胸鳍较狭长，生殖孔凹入，只有一孔，腹部较雌鱼小，用手轻压腹部，可见生殖孔有乳白色的精液流出，精液入水后很快散开。

从外观看，体大、健康、活泼的成熟个体都可挑选用于人工繁殖，一般是2冬龄的亲鱼，个体重0.9～1千克。

同批产卵的亲鱼的成熟度应大致相同，这样可尽量使产卵时间一致，孵出的鱼苗规格整齐，避免鱼间相互残杀而降低成活率。

4. 人工繁殖　加州鲈可以在池塘中自然产卵，也可通过注射催产剂达到同步产卵。生殖季节，当水温达到18℃以上，就可以进行人工催

产。挑选成熟的亲鱼按 1：1 雌雄配对，注射催产剂后再放入产卵池。

（1）产卵池　用于人工繁殖的产卵池在繁殖季节到来之前就应根据生产规模准备好，池子在使用前应用漂白粉、生石灰等药物清塘消毒，待药性消失后方可放鱼。并要求水质清新，溶氧丰富。大小由几平方米到几十平方米均可，以沙质底、斜坡边的土池为好，水深 70～80 厘米，池埂坡比 1：2 或者 1：3，这样既使亲鱼易于挖巢，又不易被风浪冲塌。一般 2～3 平方米放 1 组亲鱼。在鱼池四周或者浅水区及池底每隔 1 米左右放一石子堆、砖头堆（直径 30～40 厘米、高 5～10 厘米）或者放旧网片等，以备亲鱼产卵前筑巢附着。一般加州鲈对不同材料制作的人工鱼巢的适应性程度为：粗河沙＞黑色小石子片＞柳树须根＞绿色聚乙烯网片＞麻袋片。如要密集产卵，可在产卵池一边设置产卵舍。产卵舍约 1 米见方，一间一间并排，三面用水泥板或者木板连接。鱼巢放在底部，以利鱼孵附着。产卵舍的第四面侧对池中心。

（2）人工催产　在自然或者人工池养的条件下，到了生殖季节，亲鱼不需人工催产也能产卵排精，完成受精过程。但为满足生产需要，就要对亲鱼进行人工催产。

①催产剂的使用。一般常用的催产剂为鲤鱼脑垂体（PG），剂量为每千克雌鱼体重用 5～6 毫克；也可每千克雌鱼用绒毛膜促性腺激素（HCG）1800 国际单位与 3 毫克鲤鱼脑垂体（PG）混合使用，效果较好；如单独使用 HCG，用量则为每千克雌鱼体重用 2000 国际单位；也可每千克雌鱼用促排卵素类似物（LRH－A）5～10 微克与鲢鱼 PG2～4 毫克混用。可一次注射或者两次注射，但雌鱼一般分两次注射效果较好，第一针注射剂量为总量的 1/3，相隔 12～14 小时后再注射余量。雄鱼为一次性注射，是在雌鱼第二次注射时同时进行，剂量为雌鱼剂量的一半。

②注射方式。注射方式为腹腔注射或者背部肌肉注射。注意激素剂量不可过多，否则会由于异体蛋白的过度反应而影响亲鱼的生理机能，造成死亡或者瞎眼。

（3）效应时间　注射催产剂后的亲鱼即可放入产卵池中，雌、雄比例为1：1。放养密度为：水泥池每2～3平方米放1对，池塘每公顷放300～450对亲鱼。加州鲈的效应时间较长，故水温在22～26℃时，要在注射激素后18～20小时才能发情产卵。催产效应时间与水温有较大关系，在适宜的水温范围内，水温高，效应时间短；水温低，效应时间长。

（4）发情产卵　加州鲈亲鱼发情时，可见体色较白的雌鱼尾巴向上摆动，体色较黑的雄鱼不断用头部顶撞雌鱼的腹部。发情到达高潮时，雌、雄亲鱼腹部互相紧贴，雌鱼身体急剧颤动，将卵产出，雄鱼即刻射精，完成整个受精过程。产过卵的亲鱼会在周围静止片刻，而雄鱼则再游近雌鱼，几经刺激，雌鱼又开始发情产卵，重复上述产卵动作。

加州鲈为多次产卵类型，故在一个产卵池中，可连续1～2天见到亲鱼产卵，直至第3天才能完成产卵的全过程。

亲鱼入池后第5～6天，会因饥饿而吃产出的卵，故在亲鱼产完卵后，应及时将亲鱼捕出或者投入新鲜的鱼虾作为饵料。

（5）人工孵化　加州鲈排出的成熟卵子近球形，呈浅黄绿色，在卵黄内近植物极的部分有1个呈橙黄色的圆形油球。卵径1.21毫米，油球球径0.28毫米。经过人工授精的卵一经接触水，卵膜迅速吸水膨胀，卵径隙明显扩大。卵膜无色透明，具有黏性，但黏性很弱，脱黏后的卵为沉性卵。受精卵自受精到仔鱼孵出前均保持胶状半透明状态。

受精卵常黏附在鱼巢的水草上或者池壁、石块、砖头上。把黏有受精卵的鱼巢移到水泥池、池塘、网箱、水族箱、孵化环道或者其他容器内进行流水或者充气孵化，受精卵的密度一般是每平方米1万粒左右。孵化池要求水质清新，溶解氧充足，应在5毫克/升以上，最好有微流水或者充氧设备。

春季天气变化频繁，水温可能因寒流而突然降低；或者因水质不好、鱼巢未彻底消毒等，导致受精卵感染水霉，故若条件允许，

最好在室内进行孵化。

（6）孵化时间与孵化率　孵化率的高低与孵化水体的水温、水质和溶氧量都有密切关系，而胚胎的发育速度与水温的关系最为密切。在一定的温度范围内，水温高，胚胎发育所需时间短；反之，则所需时间长。加州鲈受精卵的孵化，在 22～24.5℃水温时，孵化需 31 小时；当水温在 17～19℃时，需 52 小时才能孵化出鱼苗。当孵出的仔鱼开始自由游动时，要移走鱼巢，将仔鱼出池或者在原池培育。据报道，水泥池孵化率可达 66%～70.9%，池塘孵化率达 52%。

刚孵出的鱼苗受雄鱼保护。但当鱼苗长到 2 厘米左右时，又可能被雄鱼吞食。因此，鱼苗孵出后几天内，要注意把产卵后的亲鱼捕起放入亲鱼池精养，用产卵池培育鱼苗。或者用手抄网把鱼苗捞起，另池培育。若鱼苗在有亲鱼的池中培育，往往会被亲鱼吞食。

二、苗种培育

刚出膜的仔鱼呈白色、半透明，全长 0.7～0.8 厘米，平躺于池底。出膜第 3 天卵黄囊即被吸收完毕，鱼苗开始摄食小球藻、轮虫及小型枝角类、桡足类等浮游生物。具体从第 7 天起可逐渐投喂丰年虫无节幼体，此阶段幼苗的摄食与消化均极快速。因此，在早上天亮时便可开始投饵，通常 2～3 小时投 1 次，每次须投入足够的饵料，否则会发生残食现象，造成弱肉强食的严重损失。培育 10 天后，鱼苗体长已达 0.9 厘米，此时可以开始投喂较小型的水蚤；到了 12～13 天，体长可达 1.2 厘米，此时不论在孵化池还是在鱼苗培育池，均可投喂中型水蚤；从 17～18 天起可以投喂大型水蚤，待长至 2 厘米左右，可用水蚤或者丝蚯蚓驯饵，然后再改用人工配合饵料如小杂鱼浆掺鳟鱼饲料做成的颗粒饲料，每 3～4 小时喂 1 次。体长达 5～6 厘米即可放养。

（一）鱼苗培育

鱼苗培育主要有水泥池培育和池塘培育两种方式。

1. 水泥池培育　水泥池面积以 50～100 平方米为宜，水深为 0.8～1 米，水质良好，透明度 40 厘米，溶解氧 4 毫克/升以上。进水口用 50～60 目网布过滤，以防止敌害生物进池和鱼苗逃脱。每立方米水体放苗 200～250 尾，具体要根据排灌水的条件及鱼苗大小而定。水源充足、水质良好和有条件经常充水的培育池，每平方米水面可放养体长 2 厘米以下的鱼苗 300 尾左右，2～3 厘米鱼苗 200～300 尾，3～4 厘米鱼苗 100～200 尾。不能换水的要适当减量。

水泥池育苗宜投喂鲜活饵料，开始时可投喂一些轮虫、丰年虫及小型枝角类、水蚤，待鱼苗长至 2 厘米以上，则投喂红虫和水蚯蚓等，并开始驯食，使鱼苗集中在池的一角摄食，并逐渐投喂小型野杂鱼、切碎的鱼肉或者软颗粒配合饲料，经过 1 周后可以完全饲喂人工饲料。幼鱼的日摄食量为自身体重的 50%，一般每天分 2～5 次投喂。

水泥池培育，在水温 20～25℃时，从出膜长至 3～4 厘米，需 35 天左右。

2. 池塘培育　包括原孵化池培育鱼苗和专池育苗。

（1）原孵化池培育鱼苗　当孵出的仔鱼能自由游动时，应将鱼巢取出。每天在池塘四周泼洒豆浆、蛋黄和鳗鱼料等，除一部分直接供鱼苗摄食外，大部分用于肥水，并在池塘边角堆放鲜嫩水草 3000～5000 千克，使轮虫、枝角类和桡足类依次出现繁殖高峰。后可每隔 3～5 天追施粪肥和水草。刚开始培育时，水深控制在 0.6～0.8 米，随着鱼苗的生长渐加深至 1.0～1.2 米，后期采用微流水，防止鱼苗浮头。经 20 天后鱼苗可长到 3～4 厘米，成活率为 50%～60%，此时应对鱼苗过筛分养。

（2）专池培育鱼苗　池塘面积应小些，一般在 1 亩左右，水深约 1 米。池塘要求不渗漏，淤泥少，水源充足。在放苗之前，应对池塘以常

规方法进行消毒，可先采用生石灰（75～100千克/亩）干法清塘，再用茶粕带水清塘。清塘7天后加水到50厘米水深，进水时用40目绢纱网过滤，然后投放青饲料或者施肥（有机肥150～250千克/亩）培育浮游生物作为鱼苗饵料，并调节好水质，使水体透明度为20～25厘米。

待水中浮游生物量达到高峰时放养鱼苗。放苗密度应视鱼苗大小而定，一般每亩投放刚孵出的鱼苗约5万尾，而3～4厘米的夏花则可亩放1万尾左右。放养的苗种应是同批孵化的，以使鱼体大小一致。鱼苗下塘前一天，要放养数尾17厘米左右的鳙鱼种试水，确保池塘无毒性后，才放养鱼苗。

鱼苗下塘后头五天内要经常翻动绿肥，这样有利于浮游生物的繁殖生长，为鱼苗提供更多的饵料。视水质情况注水，一般每7天左右注水1次，每次注水10厘米左右。后期水位保持在1～1.5米。约在7天以后在天然饵料不足的情况下要及时投喂人工配制的饲料。如绞碎的新鲜生鱼浆，对水搅拌后均匀泼入池塘四周。开始每天投喂4～5次，以后到每天3次。饲料一定要投足，前期按鱼体重的50%～60%投，后期根据鱼体的生长情况减到20%左右。

在培育苗种期间，要做到既能使水体中天然饵料丰富，又能保证好的水质及充足的溶氧。因此，妥善解决这一矛盾是这一阶段的技术关键。

（二）鱼种培育

当鱼苗长到3厘米左右时，则进入鱼种培育阶段，这也是在加州鲈人工繁育过程中较为重要的阶段。加州鲈鱼种培育应及时观察生长情况，注意拉网分筛鱼种规格。可采用分级培育方式，实践证明这种分阶段的培育方式效果较好。

观察加州鲈鱼苗，当鳞片较为完整时，就应拉网捕起分筛，按大、中、小三级分三个池培育。注意拉网时动作要小心谨慎，以免鱼苗受伤感染。此后，在水泥池每隔 10 天进行筛选；池塘培育则应每隔 20 天左右疏分 1 次，同塘放养的鱼苗以体重相差不到 1 倍为宜。

鱼种培育一般要分阶段进行。第一阶段由 3～4 厘米（体重 0.4～0.6 克）养到 5～6 厘米（体重 1.2～2.8 克）或者更大，在水泥池或者池塘中进行。水泥池大小以 100 平方米为宜，投喂水蚯蚓、罗非鱼苗和鲻鱼肉酱。水深为 0.8～1.0 米，放养密度可为 50～75 尾/平方米。鱼苗 4.5～5.5 厘米（体重 0.85～1.20 克）以后，可驯化使其摄食以鲻鱼等下杂鱼、肝脏、秘鲁鱼粉为主要成分的颗粒饲料。驯食开始几天，每隔 2～3 小时喂 1 次，以后每天喂 4 次，最后每天减至 2 次。日投饵量为鱼体重的 5%～10%。一般经 20 天左右可达 5～6 厘米，成活率达 80%。用池塘培育鱼种，塘面积可在 100 平方米左右，为保持水质清新，7 天后开始每天注入 10 厘米的新鲜水，水深慢慢加深至 1.2 米，一般饲养 45 天体长可达 7～10 厘米。

第二阶段为大规格鱼种培养，一般在池塘中进行，由 5～6 厘米培育到 14.5～16.0 厘米，放养密度为 2～3 尾/平方米。主要饲喂软颗粒饲料或者冰鲜低值鱼肉浆，日投饲量为鱼体重的 5%～10%，分 2 次投喂。经 20～30 天即可，成活率在 80% 左右。

（三）培苗期管理

1. 及时分筛　加州鲈自残现象严重，生长速度不均匀，大小悬殊，若饵料不足，就会出现大鱼吃小鱼的现象。因此，同一池投放的鱼苗应是同一批孵出的。另外，在苗种培育期间应加强管理措施，每经过 1 周就及时进行过筛分养，杜绝残食现象，这有利于加州鲈苗种的生长。

2. 调控放养密度　合理的放养密度，是提高鱼苗培育成活率的关键。实践证明，在鱼苗规格、饲料相同的情况下，放苗密度越高，培苗成活率越低。如在放苗密度为 120 尾/平方米时，经过 1 个月的养殖，成活率为 76% 左右；而当放苗密度为 300 尾/平方米时，1 个

月后成活率仅为 40％左右。

3. 科学投喂　加州鲈食欲旺盛，幼鱼日摄食量可达自身体重的 50％，且体长在 1 厘米以上就开始残食自残，因此，培育鱼苗必须保证有充足的饵料。投喂适口的饵料，定时、定量投喂，保证鱼苗吃饱吃好，是决定苗种培育效果、提高培苗成活率的关键技术之一。

鱼苗刚下塘时，可投喂一些轮虫、蛋黄，稍大些可投喂水蚤、红虫。待鱼苗长至 3 厘米左右时，应进行驯食，可投喂红虫和碎鱼肉加鳗鱼饲料，或者在投水蚯蚓的前 3 天，每天少量加入鱼肉浆和人工配合饲料。投水蚯蚓以后逐渐增加人工饲料，减少水蚯蚓量，直到完全用人工饲料为止。如在池塘培苗，可在池塘四周，根据池塘大小，设置若干个饲料台。投饲量应视天气、具体摄食情况而定。一般每天上午投喂 1 次。在投喂新鲜饵料时，必须把食台上的残饵清洗干净。

4. 日常管理　加州鲈鱼苗的培育，在水泥池培苗可采取换水、流水或者充气来保证水中溶解氧的含量，以保证水质清新、溶氧丰富。无论是水泥池还是土池，都要求水透明度在 30 厘米左右，并保持"肥、活、嫩、爽"。还可适当泼洒光合细菌等微生物制剂，以改善水质，提高成活率。

池塘培育则经常要加注新水，水的透明度以 25～30 厘米为宜。清晨池塘的溶氧量较低，因此，要勤巡查池塘，如发现鱼苗浮头，要及时加注新水或者撒放化学增氧剂。

平时坚持早晚各巡塘 1 次，检查排灌系统是否完好，观察鱼的吃食情况和水质变化情况，吃剩的残饵及时捞除。

三、成鱼养殖

加州鲈鱼苗经 1 个月左右的强化培育后，一般到 6 月中下旬鱼种规格达到 10 厘米以上时，即可放入成鱼塘中饲养。主要的养殖方式有池塘单养、套养及网箱养殖三种方式。此外也有人用鳗场进行工厂化养殖及稻田养殖。要求放养的加州鲈鱼种规格整齐，体质健壮，游泳活泼，无病无伤。

(一) 池塘单养

1. 池塘条件　养殖池塘要求水源充足，水质良好，没有污染，通风透光。建有独立完善的进排水体系，做到灌得进，排得出，旱涝无影响。池塘底质淤泥少，以壤土为宜，最好铺上一层细沙，做到无渗漏，保水性能好。池塘使用前可按常规方法清塘消毒，杀灭敌害生物和病原菌。池塘养殖加州鲈的一个重点是池塘面积不宜过大，一般池以3~5亩为宜，以便均匀摄食。池塘水深控制在1.5~2.0米，避免池水过于混浊或者肥沃，透明度以30~35厘米为宜。周围环境安静，通风透光。

为确保水质，每10~15天应换水1次，每次换水量占总水量的1/3左右。若具有微流水或者采用增氧设备及措施则更好。

2. 苗种放养　所投放的鱼种体质要健壮，无病无伤，大小规格要一致，一次放足。实践证明，投放10厘米以上规格的鱼种，不但成活率高，而且养殖效益好。一般每亩投放加州鲈鱼苗2000~2500尾，条件、设施好的池塘可放到3000~4000尾/亩。但也曾有放养密度达10000尾/亩的，规格在8厘米左右。要求鱼种规格整齐，同时可搭配少量鲢、鳙、鲤、鲫的1龄鱼种，数量分别为70尾/亩、40尾/亩、10尾/亩、80尾/亩，总数在200尾/亩左右为宜。搭配的鱼种规格应比加州鲈大，这样可避免被加州鲈摄食，还可吃去池中多余的饵料和浮游动物，以净化水质，提高水中溶氧量。

广东省有许多地区采用池塘专养，亩产可达300~400千克。他们投喂海水低值鱼类，饵料系数一般在7.5~8.0，经济效益十分明显。

3. 饲料与投喂　加州鲈属温水肉食性鱼类，一些研究证实，加州鲈在鱼苗阶段几乎不摄食人工配合饲料，而主要以浮游动物为主。

鱼种阶段则可驯化摄食由鱼粉、动物肝脏和豆粕等配成的人工饲料。用冰鲜海水杂鱼和自制配合饲料对比饲喂加州鲈，发现人工配合饲料的饲养效果不如杂鱼，成活率低，存活鱼鱼体消瘦。

一般认为加州鲈饲料的蛋白质含量应达 40% 以上，以纤维素含量在 2.5%、脂肪含量在 6.0% 为宜，纤维素水平对蛋白质效率和饲料系数有一定影响，当纤维素水平升至 4.5% 时，鱼的生长速度减慢。有人用含蛋白质 42%、44%、47% 的三种人工饲料高密度饲养 1 龄加州鲈，发现含蛋白质 47% 的饲料可使鱼体重和增重达到最大，料肉比最低，且成活率最高。因此人们认为在高密度饲养加州鲈时，其日粮蛋白质水平应相应提高。

单养加州鲈的饲料主要为冰鲜低值鱼肉和软颗粒配合饲料，软颗粒饲料的蛋白质含量须在 45%～50%，动物蛋白质与植物蛋白质比为 1.5∶1～2∶1；软颗粒饲料具体可用鳗鱼饲料或者自制的配合饲料。自制的配合饲料的配方为：鱼粉 60%，生麸或者玉米粉 25%，酵母、维生素、矿物质、添加剂 5%。鱼肉的日投喂量占鱼总体重的 8%～10%，软颗粒饲料日投喂量为 5%～6%，每天上午、下午各投喂 1 次，要做到定时、定位、定质，投喂量要视天气、水温和鱼的摄食状况而灵活掌握，有条件的地方每隔一段时间补充投喂些小杂鱼虾。另外，在小杂鱼浆中也可适量混些花生麸、豆饼、玉米粉等。

4. 日常管理

（1）日常管理　要建立巡塘检查制度，注意观察鱼是否有浮头的现象及水质的变化。一旦情况有变应及时开机增氧和冲注新水，同时应保持池塘的清洁和安静，及时清除池中残饵污物，做好食台上食物的清扫和消毒工作。

（2）水质要求　饲养加州鲈的水质宁瘦勿肥，池水透明度应保持在 30～40 厘米，养殖期间要保持清新的水质和较高的溶氧量，每10～15 天需换水 1 次，每次换水量约占池水的 1/3。如能采用微流水或者增氧措施养殖，则效果更好。

（3）投喂量　投饲量要适当，切忌过多或者不足。同时要避免长期使用单一饲料，并注意时常在饲料中添加维生素和矿物质，以维持加州鲈正常的营养要求。

（4）分级分疏　约2个月分级1次，把同一规格的鱼同池放养，避免大鱼吃小鱼。分养工作应在天气良好的早晨进行，切忌在天气炎热或者寒冷时分养。

（5）药害预防　严格防止农药、公害物质等流入池中，以避免池鱼死亡。幼鱼对农药尤为敏感，极少剂量即可造成全池鱼苗死亡，必须十分注意。

5. 养成　加州鲈鱼种经5～6个月饲养，到年底平均个体规格可达200克以上，个别的可达500克，产量一般为200～300千克/亩。收捕后的鱼按不同的规格分类，把符合上市规格的个体移入蓄养池暂养1～2天再以活鱼出售，规格较小的入池越冬，为翌年扩大养殖创造条件。

（二）池塘混养

在不改变原有池塘主养品种的条件下，增养适当数量的加州鲈鱼，既可以清除鱼塘中野杂鱼虾、水生昆虫和底栖生物等，减少它们对放养品种的影响，又可以增加加州鲈鱼的产量，提高鱼塘的经济效益，是一举两得的养殖方法。

1. 池塘条件　加州鲈可以混养在主养家鱼成鱼、罗非鱼、亲鱼和老口鱼种塘里。池塘面积宜大些，若面积过小，溶氧变化大，鱼易缺氧死亡；应选水质清瘦、野杂鱼多的鱼塘进行加州鲈混养，而大量施肥投饲的池塘则不合适。混养加州鲈的池塘，每年都应该清塘，如果有乌鳢、鳜鱼等凶猛鱼类存在，则会影响加州鲈的成活率。

2. 苗种放养　混养密度视池塘条件而定，如条件适宜，野杂鱼多，加州鲈的混养密度可适当高些。一般可放5～10厘米的加州鲈鱼种200～300尾/亩。池塘条件好，可放小规格；否则，放养大规

格的为好。家鱼等按常规方法放养，但个体规格要比加州鲈鱼种大，可大1～2倍，以避免被其捕食。浙江省临海市曾报道有人以加州鲈为主，和鳙鱼、河蟹进行混养，让河蟹摄食沉淀底层的动物性饲料，以达到清污的目的，取得了较好的经济效益。

注意混养塘不要同时混养乌鳢、鳗鲡等肉食性鱼类。另外，苗种塘或者套养鱼种的塘不要混养加州鲈，以免伤害小鱼种。

3. 饲料和投喂　混养塘一般不单独为加州鲈投饵，而是充分利用池塘中的小野杂鱼虾等。

4. 日常管理　主要是做好池塘注排水工作，每15～20天加水1次，不要使池塘水质过肥。水体溶解氧要求在4毫克/升以上，透明度为20～30厘米，保持池水"肥、活、嫩、爽"。在高温季节，应加强鱼病的防治。

5. 收获　一般6～10厘米的鱼种，混养8～10个月，到年底收捕时，一般个体重可达0.5千克以上，亩产量为10千克或者更多些，按市场价30元/千克计，可增加纯收入200～300元/亩。

（三）网箱养殖

1. 网箱设置　此法主要针对水库、湖泊和河流。网箱一般采用2×3或者3×3聚乙烯线纺编而成，为便于操作，网箱设计规格可为2米×2米×2米或者3米×3米×2.5米，不应超过4米×4米×2.5米。网目大小视鱼种放养规格而定，放养8厘米左右的鱼种，网目用1.0厘米；放养50克以上的鱼种，网目为2.5厘米；鱼种越大，网目亦可相对大些，以不逃鱼为准。网箱可以设置在水库、湖泊、河流等水质清新、溶氧量高、无污染的地方。网箱以木桩固定，下方四角以卵石等作为沉子，上方以铁油桶作为浮架，随水位升降而浮动。

2. 苗种放养　网箱饲养加州鲈鱼必须按不同规格分级养殖。一般饲养8～10厘米的鱼种，可放250～300尾/平方米；饲养30～50克的鱼种，可放 150～200 尾/平方米；饲养尾重 250 克的鱼种，可放养 80 尾/平方米左右。实践证明，放养规格以每尾 30～50 克为宜。

3. **饲料与投喂** 网箱饲养加州鲈可用冰鲜低值鱼或者配合颗粒饲料。鱼种初入箱因一时难以适应新的环境，不会立即摄食，故需停食 2～3 天，从第 4 天开始驯食。先将少量鱼块加水均匀泼洒，使网箱中的水有动感，停食而处于饥饿状态的鱼容易摄食。一般通过 1 周的驯食，能形成抢食习惯。

饲料投喂应坚持四点：一是鱼块应投喂在网箱中间。二是每天上午 9 时和下午 4 时各投 1 次，春季水温 10℃以上时下午 5 时投喂 1 次，冬季水温 10℃以下时基本不投，只有鱼吃食时才投。三是投喂的饲料要新鲜，不投霉腐变质的饲料。四是根据天气、水温、水质、鱼的吃食情况及体重决定投饵量。幼鱼阶段饲料日投量为鱼体重的 8%～10%，成鱼阶段为 5%～8%。如投软颗粒饲料，每天上午和下午各喂 1 次，日投饵量为鱼体重的 5%～6%。在投饵操作上，以采用抛投法效果最好，这样可增加饲料在水中的运动时间，吸引加州鲈抢食。

4. **日常管理** 网箱养殖，应抓好以下几项工作：适时过筛分箱，加州鲈生长有明显的差异，个体大小相差很大，在放养的早期，即个体重在 100 克以前，每 20 天左右就要筛选 1 次，按不同规格分箱饲养，以促进个体均衡生长，并提高成活率。体重在 150 克以上时生长差别减少，可以不再过筛，以免影响其摄食生长。鱼种必须经人工驯食，在完全可摄食冰鲜鱼肉或者配合饲料后方可进箱。坚持每天巡视，每 15 天清洗网箱 1 次，以保持水体交流通畅，发现网箱破损，要及时修补，以防逃鱼，同时要做好鱼病防治工作。

网箱养殖的成活率可达 70%～80%。投放 8 厘米以上的鱼种，在网箱中饲养 9～10 个月，平均个体重可达 0.5 千克。

(四) 小池精养

1. **池塘条件** 养殖场地要求具备如下条件：水源充足，水质良好；地形稍倾，利于排水；日光充足，通风良好；无污物、污水进入。面积不宜过大，以 50～100 平方米为宜，土堤或者水泥堤均可，但池底以土质为宜。也可利用闲置的养鳗池或者其他水池。排灌水口要相对而设，并加设防逃装置。如果放养密度大，还要安置增氧机。若放养的鱼苗较小，还应在池面加设渔网，防止鸟害。

2. 苗种放养 放养量视管理水平和环境条件而定，一般每平方米放养 30～40 尾。如水质良好，水源丰富，又有完善的增氧设施，每平方米放养量可增加到 50～60 尾。同池放养的鱼种要求规格一致，而且活泼无病害。不能大小混养，以免同类相残，大鱼吃小鱼，造成不必要的损失。

3. 饲料与投喂 最好投喂含蛋白质较高的饲料，较适宜的饲料有鳗鱼饲料、下杂鱼等，也可投喂各种人工配合饲料。投喂前，鳗鱼饲料应以适量的水搅拌挤压成粒状料，下杂鱼等则用切肉机切成片状。刚放养的鱼苗，由于移动受惊，应停食 1 天，第 2 天才开始投喂少量原来吃的饲料，逐渐增加到恢复正常的投喂量后，再开始混合其他饲料。这样鱼苗才习惯摄食。一般每天分上午和下午共投喂 2 次，投饲量应视天气、水温及鱼的摄食情况而定。在水温 20～25℃时，每天总投饵量为池鱼总重量的 10%～15%。当水温过高、过低或者风浪较大时，应酌减投饲量。

饲养管理可参照加州鲈池塘主养模式的日常管理。

（五）其他养殖方式

1. 稻田养殖 可按照一般稻田工程要求，并投喂一定饵料，放养密度为 200～400 尾/亩。

2. 工厂化养殖 采用工厂化恒温集约式养殖，使一年一季变成一年双季养成，成活率可达 87%，经济效益显著。

第九节 淡水白鲳 >>>

　　淡水白鲳学名短盖巨脂鲤，原产于南美亚马孙河，是热带、亚热带食用和观赏的大型鱼类之一，不耐低温。适温范围为 12～35℃，适宜的生长水温为 22～30℃。淡水白鲳生长快、个体大、食性广、病害少、耐低氧、体色好，自 20 世纪 80 年代引进我国后，现已推广全国。

一、人工繁殖

　　1. **亲鱼产前培育**　将越冬后的亲鱼转入土池塘（1～2 亩），搭配适量的花、白鲢鱼种，进行产前强化培育，投喂营养丰富的人工配合颗粒饲料和水草、青菜、瓜果皮等青饲料，使其尽快恢复体质。2～3 天冲水一次调节水质，促使其性腺发育。

　　2. **适时催产**　在亲鱼产前强化培育过程中，定期检查亲鱼的性腺发育情况，若取卵检查，则经透明液处理后观察卵的分离和偏核情况。发现有多数卵出现偏核时，及时进行催产。催产药物和剂量：HCG 800～1200 国际单位＋LRH－A 5～10 微克/千克雌鱼，雄鱼减半，胸鳍基部一次性注射。雌、雄比例为 1∶1～1∶1.5，放入催产池中，2～3 小时后，开始冲水促使其性腺发育，待其发情发出"咕、咕"叫声时，过 15～20 分钟后加大充水量，收集受精卵或者放水拉网进行人工授精。

　　3. **孵化**　淡水白鲳刚产出的卵呈淡绿色，直径 1～1.1 毫米，不具黏性，遇水后吸水膨胀，静水中为沉性，流水中半浮。将受精卵计数后放入孵化环道进行孵化，调节水流量，以受精卵浮起为准。孵化密度为 2～4 粒/毫升。当孵化水温为 26～28℃时，受精卵约经 4 小时发育至原肠中期，6 小时至胚孔封闭期，10 小时出现尾芽，16 小时后开始出膜，19 小时全部出膜。刚出膜的仔鱼卵黄囊大而圆，尾短，26 小时后眼点黑色素沉积，110～115 小时肠管形成，口开启，体色透明，全长 3.4 毫米。投喂熟蛋黄，可见肠管中有食物。

二、苗种培育

淡水白鲳仔鱼特别纤细娇嫩，有群集底栖生活习性，出孵化环道（或者缸）应先下苗箱（50 目尼龙筛绢制成 80 厘米×120 厘米×40 厘米），温差不能超过 ±3℃，在箱中每 10 万尾鱼苗投喂 1 个鸭蛋黄，2～3 小时后再行下池，下池时水质不宜过肥。

1. 鱼苗育成乌仔　鱼池面积 1～1.5 亩，鱼苗下池前 10 天每亩用 150 千克生石灰清塘；下池前 3 天注水 60 厘米；每亩先施猪粪 500 千克作为底肥，放养密度 10 万～40 万尾/亩。鱼苗下池后每天喂 2 次豆浆（每万尾喂黄豆 200 克），以后再视水质施追肥。水温 26～28℃，15 天后分养，此时长达 2.3～2.8 厘米。

2. 乌仔育成夏花　此阶段生产上称为二级饲养阶段，水深 1 米以上，亩放 3 万～5 万尾，肥水下池，投以豆饼、菜饼，日投 8～10 千克，辅以小浮萍，2 周后达到 4.5～5.5 厘米。

长江流域在把鱼苗培育成夏花方面采取一次性的饲养方法，淡水白鲳育成 5 厘米的夏花需要 40 天，夏花阶段的成活率 53%～61%。

3. 夏花育成越冬鱼种　淡水白鲳在我国大部分地区需经过越冬，南京在 8 月开始培育，亩放 3 万尾，要喂足豆饼或者菜饼、浮萍，至 10 月并池可达 10 厘米以上。越冬期间，亩放养 6 万～8 万尾，调节温度在 23℃以上，到翌年 5 月初出池。

三、越冬保种

淡水白鲳适温范围 $12 \sim 35℃$，水温低于 $12℃$ 时会死亡，因此，越冬工作就显得十分重要。可根据当地的条件选用越冬池及温泉水、深井水，或者电厂余热水。越冬方式可采用专池饲养，也可与罗非鱼混养。

1. **混养法越冬保种** 淡水白鲳混养于罗非鱼中越冬，鱼病发生较少，不仅可以获得较好的成活率，而且在整个越冬阶段，只要水温适宜，适当投饲就可以使鱼体生长。若小规模地进行越冬保种，则可利用原有的生产设施。长江流域可于 9 月 20 日将土池培育的淡水白鲳移进越冬池暂养，10 月 9 日罗非鱼雌、雄分开后，再混养于其中。饲料以糠饼、菜饼为主，少量投豆饼粉。翌年 4 月下旬至 5 月上旬可出塘，放养在成鱼塘中混养。

2. **越冬出池技术** 越冬成功与否不仅在于越冬期的鱼种成活率，还在于出池后一周内的鱼种是否健壮、安全。尤其是利用温泉越冬的鱼种，这一关显得更为重要。因此，温泉越冬的淡水白鲳鱼种，在出池转塘时，必须认真做好以下工作：

（1）**准备好储种塘** 鱼种出池前，要预先准备好储种塘，面积大小可视鱼种多少而定。同时要按一般育种塘的规范认真做好清塘、施基肥、放试水鱼等一系列工作。水深保持在 1 米左右，确认水质毒性已完全消失后，将试水鱼捞起才可以放鱼种，以保证有一个适合鱼种生长的水体环境。

（2）**不需拉网锻炼** 一般淡水养殖鱼苗，在出池前需加强鱼体锻炼，实行三罟二吊或者二罟一吊，目的是使鱼苗有健壮的体魄以适应外运。而淡水白鲳由于鳞片细小，容易受伤，因此，不需拉网锻炼，最好在各项运输器具准备就绪之后才围捕，围捕后只需歇息 $1 \sim 2$ 小时便可运输。如围捕时间过早、吊水时间过长，则鱼体容易受伤。

（3）选择适当的天气　鱼种出池必须是在气温、水温稳定的季节，同时还要选择晴朗的天气，避免闷热、阴雨或者久阴不见太阳的日子。

（4）备足围捕网具　因淡水白鲳具有起捕率高的特点，一般起捕率可达95％以上，因此必须备足围捕网具，保证有足够的吊池，以免引起鱼群过密而产生缺氧浮头。如果吊池不足、鱼群密集将出现浮头时，应迅速释放部分，待第二天再捕。围捕时，应选用柔软、表面光滑的力士胶丝制成的网具，同时操作要轻，避免鱼体机械损伤。

（5）运输用水　为提高鱼种运输成活率，运输时尽量不用温泉水，就地采用水质清新、有机质含量少、溶氧量高的江河湖库或者清洁的池塘水。

（6）运输器具　运输器具可采用帆布桶或者水桶，如人工挑的可用竹箩，运输密度不宜过大。一般底径宽1.1米、高1米、口径宽90厘米的帆布桶，每桶载8～10厘米鱼种3000尾为宜。运输时人工增氧动作要轻，不要用力拍击，以免击伤鱼体。如果运输密度合理、桶内氧气充足，淡水白鲳一般都潜于桶底；如出现大量浮面，必须立即换水或者加水，否则会造成缺氧死亡。

（7）转池后的管理　鱼种转池后，要加强观察其活动情况。如果做好了上述各环节的工作，转池后的鱼种一般都较少死亡，即使有少量也属正常现象。但如果出现大批死亡或者持续多天死鱼，则应考虑鱼病问题，受伤后的鱼体容易得水霉病，需立即用药处理。

（8）防治水霉病的方法　一是每亩用食盐15千克加生石灰10千克全池泼洒。二是按说明使用商品成药。

四、成鱼养殖

生产上常采用越冬鱼种养成和夏花当年养成两种方式。

1. 池塘条件　成鱼池面积以3～9亩为宜，水深2米左右，水质清新，透明度为 25～40 厘米，池底较平坦，池底淤泥约 10 厘米，排灌方便。最好配备增氧机（0.2～0.3 千瓦/亩），清塘消毒后即可投放鱼种。

2. 苗种放养

（1）越冬鱼种　放养的淡水白鲳鱼种要求规格整齐、体质健壮、无病无伤。鱼种进池时，操作要谨慎，避免鱼体受伤，且用 3％～4％ 的食盐进行消毒。经过长途运输的鱼种，下池前应先将鱼种放在网箱中暂养一段时间，等鱼种稍恢复一下后再进行消毒处理。鱼种放养密度一般为放养 5～8 厘米的鱼种每亩放 600～800 尾；50～100 克的越冬鱼种则为每亩放 350～670 尾。可搭配混养其他鱼种，搭配鱼种为鲢、鳙、草、团头鲂、鲤、鲫以及罗非鱼等。长江流域的池塘主养淡水白鲳的放养模式如表 1－13。

表 1－13　池塘主养淡水白鲳的放养搭配模式

投放时间	品　　种	放养量（尾/公顷）	规格（克/尾）
5 月 5～15 日	淡水白鲳	9000～12000	10～20
5 月初	团头鲂	750	30～50
5 月初	草	300	200～250
5 月初	鲢	3000～4500	20～50
6 月下旬	鲢	3000	10～20
5 月上旬	鳙	1500	20～30
6 月中旬	尼罗罗非鱼	4500	5～10
6 月中旬	鲤	750	5～10

（2）早繁夏花　将淡水白鲳早繁夏花（规格 2.5～3 厘米）先暂养，进行强化培育，待规格达到 4.5 厘米时，即可投放到成鱼池养殖。放养密度为 2000～4000 尾/亩。同时可搭配混养鲢、鳙、草、团头鲂、异育银鲫、鲤等鱼种及鲢、鳙夏花。

3. 饲料与投喂

池塘主养淡水白鲳应以投精饲料为主，投饲技术关系着鱼产量、商品鱼规格、养鱼成本和经济效益。淡水白鲳为不断觅食的鱼类，其肠道短，消化吸收快，因此所需投喂次数多。

投饲次数为每天 4 次，上午、下午各 2 次，上午投饲量占 40%，下午占 60%。在适温范围内，日投饲率为 5%～9%，水温低时可适当减少。淡水白鲳喜在底部摄食，因此，在进行投喂时要在水体的底层设置饲料台并投喂沉性饲料，以利其尽快摄食和避免饲料的浪费。饲料可用豆饼、菜籽饼、花生饼、大麦和稻谷等农副产品，也可投喂各种动物的下脚料。如果投喂大麦，可将大麦浸泡发芽后投喂，效果较好。在投喂精饲料的同时，每隔 2～3 天补充投喂一些含维生素较丰富的青菜和动物下脚料，以满足淡水白鲳对维生素和动物蛋白的需要。

有条件的地方最好配成颗粒饲料投喂，以提高饲料的利用率和促进淡水白鲳的生长。配合饲料参考配方为：鱼粉 5%、大豆饼 20%、菜饼和芝麻饼 30%、米糠 15%、麸皮 8%、猪用混合料（含粗蛋白 13%）20%，及少量的磷酸氢钙为主体的矿物盐等。一般淡水白鲳颗粒配合饲料的日投饲率为 3%～6%。淡水白鲳投喂需搭建沉性食台便于投饲或者驯化投饲。该鱼易驯化集群上浮抢食，每天驯化 3 次，每次 30 分钟，一般 5 天内即能驯化其定点至食台摄食。

池塘施基肥量与主养四大家鱼池塘相同，鱼种投放前，每亩施发酵粪肥 200 千克作为基肥，在饲养期间视水质情况少量追肥 3～4 次，每次 50 千克。

4. 日常管理　坚持经常巡塘，观测水质变化情况，夏季每隔 3～5 天加注新水 1 次；秋季每隔 7～10 天加注新水 1 次。晴天中午可开增氧机 1～2 小时，增加水中溶氧量；阴雨或者闷热天气时，一旦发现有鱼浮头，要及时开增氧机或者加注新水。要做好病害防治工作。5～9 月为淡水白鲳的发病季节，要定期与四大家鱼一样用生石灰或者漂白粉对池水消毒，预防鱼病发生。此外，在鱼池边可养浮萍等漂浮性水生植物，可作为鱼类饲料，亦是高温季节鱼类庇荫场所，并能起到增加水中溶氧量及调节水质等作用。

第二章
淡水鱼病的预防与治疗

淡水鱼类病毒性疾病是由病毒感染引起的疾病。病毒是一类体积极其微小，能通过滤菌器，含一种类型核酸（脱氧核糖核酸或者核糖核酸），只能在活细胞内生长增殖的非细胞形态的微生物。病毒颗粒很小，用于描述病毒大小的单位为纳米（1 纳米＝1/1000 微米）。病毒一般小于 150 纳米，须用电子显微镜放大数千倍至数万倍以上才能看到。病毒颗粒主要由核酸和蛋白质组成。核酸在中心部分，形成病毒中心，外面包围的蛋白质称为衣壳，核酸与衣壳组成核衣壳。最简单的病毒是裸露的核衣壳；有些病毒的衣壳外面还有一层囊膜。病毒病对淡水鱼类造成的危害很大，由于病毒寄生在宿主的细胞内，治疗较困难，主要是进行预防，因此，凡携带有危害严重的病毒的鱼类，口岸一律不准输入和运出。我国常见的淡水鱼类病毒病有 9 种。为了防止从国外引种时，将国外危害严重的淡水鱼类病毒性疾病传入我国，对一些危害严重、国内目前尚没有的淡水鱼类病毒性疾病也做简单介绍（过去由于口岸检疫不严格，在引进受精卵时，已将传染性胰脏坏死病、传染性造血组织坏死病等病毒性鱼病传入我国，造成很大的经济损失）。

第一节 草鱼出血病 　　　　　>>>

草鱼出血病是在草鱼、青鱼鱼种饲养阶段危害最严重的一种淡水鱼类病毒病。

一、病原

草鱼出血病病毒，属呼肠孤病毒科。病毒为 20 面体和 5∶3∶2 对称的球形颗粒，直径为 60～80 纳米，具双层衣壳；对氯仿、乙醚等脂溶剂不敏感，无囊膜；病毒基因组由 11 条双股核糖核酸组成；耐酸（pH3），耐碱（pH10），耐热（56℃）；能在草鱼肾细胞株（CIK）、草鱼吻端细胞株（ZC－7901）、草鱼吻端成纤维细胞株（PSF）等中增殖，引起细胞病变。病毒复制部位在细胞质，能形成晶格状排列，最适复制温度为 25～30℃，其生长温度范围是 20～35℃。尚未发现在非鲤科鱼类细胞株中增殖。

毛树坚等（1989）报道，在浙江地区患出血病的草鱼中还分离到一种小病毒颗粒，大小为 20～30 纳米，六角形，为单股核糖核酸病毒，无囊膜，经初步鉴别，属小核糖核酸病毒科。

二、症状

主要症状是病鱼各器官组织有不同程度的充血、出血，小的鱼种在阳光或者灯光透视下，可以看见皮下肌肉充血、出血。病鱼离群独游水面，游动缓慢，对外界刺激反应迟钝，不吃食；鱼的体色发黑，尤以头部为甚；病鱼的口腔、上下颌、头顶部、眼眶周围、鳃盖、鳍和鳍基部充血，有时眼球突出；剥去鱼的皮肤，可以看见肌肉呈点状或者块状充血、出血，严重时全身肌肉呈鲜红色；病鱼严重贫血，血红蛋白含量及红细胞数只有健康鱼的 1/2，甚至 1/4，这时病鱼的鳃常呈现"花鳃"或者"白鳃"，肝、肾等内脏的颜色也变淡；肠壁充血、出血，但肠壁的弹性仍较好，肠内没有食物；肠系膜、周围脂肪组织充血；脾脏肿大，暗红无光泽；鳔、胆囊、肝、肾上也有出血点或者出血斑；个别病例，整个鳔及胆囊呈紫红色。上述这些症状不是每条病鱼都一样，病轻时充血、出血的范围较小，充血、出血的程度较轻；有些病鱼以肠出血为主，有些病鱼以肌肉出血为主，有些病鱼以体表出血为主，当然也有全身各器官、组织都充血、出血或者有较多器官组织充血、出血的（图 2—1）。

肌肉全身充血

点状充血　　病鱼口腔充血

肠道充血　　正常的口腔

图 2—1　病鱼发病症状

三、诊断

（1）草鱼出血病和细菌性肠炎病　活检时，前者的肠壁弹性较好，肠腔内黏液较少；病情严重时，肠腔内有大量红细胞及成片脱落的上皮细胞。而后者的肠壁弹性较差，肠腔内黏液较多；病情严重时，肠腔内有大量黏液和坏死脱落的上皮细胞，红细胞较少。

（2）草鱼出血病和细菌性败血症　前者主要危害草鱼、青鱼的鱼种；后者则危害团头鲂、鲫、鲢、鳙、鳜、加州鲈、黄鳝、草鱼、白鲳、银鲴、大口鲇等多种淡水鱼，且对鱼种及食用鱼均危害。

2. 进一步诊断　患出血病的鱼，小血管壁广泛受损，形成微血栓，同时引起脏器组织梗死样病变；在肝细胞等的胞浆内可以看到嗜酸性包涵体；超薄切片用透射电镜观察，在胞浆内可以看到球形病毒颗粒；血液中红细胞数、血红蛋白量及白细胞数均非常显著地低于健康鱼；白细胞血型中，淋巴细胞百分率十分显著地低于健康鱼，单核细胞百分率则非常显著地高于健康鱼；血清谷丙转氨酶、异柠檬酸脱氢酶、乳酸脱氢酶活性增高；血清乳酸脱氢酶在近阴极处出现第六条区带；血浆总蛋白、人血白蛋白、尿素氮、胆固醇均降低。

3. 免疫血清学及分子生物学诊断　最后确诊需进行免疫血清学及分子生物学诊断，常用的免疫血清学及分子生物学诊断方法有：

（1）葡萄球菌 A 蛋白协同凝集试验　该方法快速、特异、设备简单，适合基层单位检测。

（2）酶联免疫吸附试验（ELISA 法）　该方法灵敏、准确、特异，可用作早期诊断。该方法的灵敏度至少比不连续对流免疫电泳法（DCIE）高 400 倍。中国科学院武汉病毒研究所已制成试剂盒，

可供早期诊断用。

（3）斑点酶联免疫吸附试验（Dot－ELISA）　简称点酶法。该方法操作简便，不需要特殊的酶标仪；灵敏度高，比葡萄球菌A蛋白协同凝集试验的灵敏度高10倍，比常规酶联免疫吸附试验高20倍。在鱼已带毒，但尚未显症时即可检出。可用于早期诊断、检疫和病毒疫苗质量检定，是适合基层单位的快速、准确和易行的检测方法。

（4）逆转录聚合酶链反应（RT－PCR）　该方法是检测草鱼出血病灵敏（最小可检测到0.1皮克病毒核酸，1皮克＝1×10^{-12}克）、特异、快速而有效的方法，更适合于大批样本的检测。该法不仅能够检测发病期显症病鱼体内的病毒，而且能够检测发病前期及发病后期外表正常的病毒携带鱼中的病毒，可用于草鱼出血病的早期诊断。

（5）免疫过氧化物酶技术　刘荭等1995年报道，该方法快速、简便，且灵敏度比较高，整个过程只需4～5小时。其特异性能满足早期检测和诊断的目的。

四、预防措施

1. 清除池底过多淤泥　每立方米水体中加下列任一种药物进行消毒：300克生石灰、20克漂白粉（含有效氯30％）、10克漂粉精（含有效氯60％）、10克二氯异氰尿酸钠、10克三氯异氰尿酸。

2. 严格检疫　实行检疫制度，严禁携带病毒的鱼卵输入及运出。

3. 药浴　在每立方米水体中加500毫升碘伏1‰水溶液对鱼卵药浴10～20分钟。如水的pH值高，则需加600～1000毫升。在每立方米水体中加5毫升水产保护神对夏花鱼种药浴10～20分钟。

4. 加强饲养管理　如投放光合细菌、玉垒菌等有益菌，定期加注清水，遍洒生石灰及水质、底质改良剂，高温季节加满池水，开动增氧机等，以保持水质优良、稳定；投喂营养全面、含免疫增强剂的优质饲料，最好用投饲机投饲；食场周围定期泼洒消毒药进行消毒；在稻田中培育草鱼鱼种等。

5. 培育抗出血病草鱼鱼种　　李亚南等 1990 年报道，用紫外线诱变建立草鱼抗出血病病一毒的 AHZC88 细胞株。王铁辉等 1998 年报道，建立了鱼类总脱氧核糖核酸介导基因转移的实验模型，将抗草鱼出血病的团头鲂的总脱氧核糖核酸转移到草鱼受精卵，用草鱼出血病病毒人工攻毒，选出一批抗出血病草鱼，并已培育成熟，繁殖了子代。郝淑英等报道，草亲鱼在 12 月开始腹腔注射 10^{-1} 组织浆灭活疫苗 4 毫升，连续注射 4 次，每次间隔 30～40 天，在产卵前1 个月停止注射，其子代可获得免疫力。

6. 人工免疫预防　　将组织浆灭活疫苗或者细胞培养灭活疫苗，采用浸浴、口服及注射等方法应用于鱼体。细胞培养灭活疫苗比组织浆灭活疫苗有更高的保护率，且效价稳定，只是前者必须由工厂生产，或者具有一定条件的实验室才能制备，后者则在一般实验室即可制备。

（1）注射法　　8 厘米以上草鱼鱼种，采用连续注射器进行腹腔或者背鳍基部肌肉注射，每尾注射组织浆灭活疫苗 0.3～0.5 毫升。免疫力产生的时间随水温的升高而缩短，水温 10℃时需 30 天，15℃时20 天，当水温 20℃以上时只需 4 天；免疫期可保持 14 个月；免疫效果达 90％左右（高汉姣等，1980）。杨先乐等 1993 年报道，免疫后的草鱼在免疫临界温度以上（即 10℃以上）生活 5 天后即产生免疫应答，尽管以后温度下降，其抗体的合成与释放、病原的捕获与清除和一直饲养在 10℃以上的草鱼一样，所以结合冬放进行免疫，只要将温度维持在 10℃以上 5 天，即可获得较好效果。

（2）浸浴法　　一是尼龙袋充氧，0.5％疫苗液浸浴夏花草鱼 24

小时。二是高渗浸浴。夏花草鱼先在 2%～3% 盐水中浸浴 2～3 分钟，然后放入 $10^{1.5}$～$10^{5.5}$ 半数细胞病变剂量/毫升疫苗液中浸浴 5～10 分钟。三是 0.5% 疫苗液，加莨菪碱使最终浓度为 10×10^{-6}，尼龙袋浸浴 3 小时。保护力达 60% 左右。

（3）口服法 采用中国水产科学院长江水产研究所制备的草鱼出血病细胞培养灭活疫苗，疫苗效价为 $10^{4.3}$～$10^{6.5}$ 半数细胞病变剂量/毫升。先将疫苗用 0.65% 生理盐水稀释成最佳有效浓度，再使经优选的草鱼苗初级饲料按特定的方法吸收疫苗，用其投喂开口期草鱼苗，分 2 次投喂，间隔 4 小时，投喂量为每 10 万尾鱼苗喂 20 克，养至夏花鱼种后，再逐尾准确计数后放入试验池养至冬片，经 2 年重复试验，成活率为 90.4%±0.4%，产量为（1654.5±278.5）千克/公顷，比浸浴法（先将 3～5 厘米的夏花草鱼置于 2%～3% 的盐水中浸 2～3 分钟，然后放入含 $10^{4.6}$～$10^{6.5}$ 半数细胞病变剂量/毫升的疫苗稀释液的充氧尼龙袋中浸浴 1～2 小时）的成活率平均高出 30.1%±5.2%，产量平均高出（636±470.2）千克/公顷。经 2 次人工攻毒测试，口服免疫组的保护率为 90%～100%，平均 95%，浸浴免疫组的保护率为 60%～70%，平均 65%，未免疫组的鱼全部死亡。且口服免疫组的免疫成本仅为浸浴组的 5%。选择在草鱼开口期口服疫苗，是考虑小鱼苗的消化系统尚未发育健全，各种酶对疫苗的结构破坏程度大大减弱。

从夏花草鱼放养后即开始在每千克饲料中加 0.5～2.5 毫克莨菪和 1 毫升组织浆灭活疫苗，既可使草鱼的相对增重率比对照组提高 5.7%～32.9%，又可使对出血病的免疫保护率达 40%～54.6%。

7. 药物预防 据报道，在草鱼出血病流行季节，每月外泼消毒药 1～2 次，内服药饵 1～2 个疗程，有预防效果。

（1）外泼消毒药 每立方米水体放二氧化氯 2% 液 1 毫升（先用柠檬酸活化），或者聚烯吡酮碘（PVP－I）10% 液 1～2 毫升，或者水产保护神 0.1~0.2 毫升。刘荭等 1998 年报道，每立方米水体中放 5 克有效碘，在室温下处理 5 分钟，可杀灭滴度为 $10^{7.5}$ 半数细胞病变剂量/毫升的草鱼出血病病毒（草鱼呼肠孤病毒）。

（2）内服药饵　每千克饲 170 克大黄、黄芩、黄柏、板蓝根（单用或者合用均可），再加 170 克食盐，拌匀后制成水中稳定性好的颗粒药饵，连喂 3 天。每千克饲料中加 170 克刺槐子、170 克苍生 2 号、170 克盐，拌匀后制成水中稳定性好的颗粒药饵投喂，连喂 3 天。每千克饲料中加鱼复药 2 号 2.5 克，拌匀后制成水中稳定性好的颗粒药饵投喂，连喂 3 天。王铁辉等 1997 年报道，他们用被紫外线灭活的草鱼出血病病毒诱导的鲫干扰素，在用草鱼出血病病毒攻毒前或者后用干扰素注射或者浸泡，都取得了明显效果。在染毒前 1 天注射干扰素的，保护率为 45％；在染毒后注射干扰素的，保护率为 38％。他们已开展干扰素基因克隆研究，基因工程干扰素的研制和生产可望获得价廉而高效的鱼类干扰素，广泛应用于鱼类病毒病的防治。

第二节 鳗鲡出血性开口病 >>>

鳗鲡出血性开口病是一种急性传染病。现在初步查明其由一种脱氧核糖核酸类型的病毒感染引起。病鳗严重出血，口腔张开、不能闭拢，故称鳗鲡出血性开口病。

一、病原

该病初步查明是由一种脱氧核糖核酸类型的病毒感染引起。病毒颗粒呈球形，20面体对称，直径为60～65纳米，由核心和囊膜组成，核心直径约36纳米；病毒对乙醚、酸（pH3）及热（56℃）敏感；病毒对多种温水性鱼类的细胞株不敏感，只能在鳗性腺细胞株（EG）上复制，并出现细胞病变，产生合胞体；复制的最适温度为30℃，在20℃以下及35℃以上不能复制。病鱼的脾脏、心脏除菌悬液分别腹腔注射健康鳗，均可引起鳗发病，且症状与自然发病的一致。病鱼的白细胞和红细胞的胞浆中有大量病毒颗粒。

二、症状

病鱼严重出血，主要是颅腔出血，脑及脑神经受压，引起上、下颌萎缩；其次是口腔、头部肌肉出血；病鱼的骨骼疏松，极易破碎、骨折，骨缝结合部松脱，其间有白细胞浸润；最明显的为额骨、顶骨离位，颅腔"开天窗"；齿骨与关节骨之间的连接处松脱，因此口腔张开，不能闭合，故名出血性开口病。病鱼的白细胞数量大增，约为红细胞数的 1/10；白细胞中淋巴细胞占 80% 以上，病鱼严重贫血，红细胞数只有健康鳗的 1/3～1/4，肝脏、脾脏、肾脏肿大。因此，可能是由病毒引起的淋巴细胞白血病。疾病后期常继发感染气单胞菌、爱德华菌等。

三、诊断

①根据症状及流行情况进行初步诊断。

②确诊需抽取病鱼血液做成超薄切片进行电镜观察，在血细胞内找到大量病毒颗粒或者进行病毒分离鉴定。

四、预防措施

①水体、工具等进行消毒。

②严格执行检疫制度。

③加强饲养管理，投喂营养全面、优质的饲料，泼益生菌，保持水质优良、稳定，提高鱼体抵抗力。

鳜传染性脾肾坏死病　　>>>

鳜传染性脾肾坏死病是一种大规模流行性鱼病，可造成严重的经济损失，所以该病最早称鳜暴发性传染病。现已查明该病主要是由病毒感染引起脾脏、肾脏坏死，因此称鳜传染性脾肾坏死病。

一、病原

传染性脾肾坏死病毒 ISKNV（最早叫鳜病毒 SCV）是二十面体球形病毒，截面呈六角形、具囊膜、直径 150 纳米，病毒基因组为双股脱氧核糖核酸分子，寄生在鳜的脾脏、肾脏、肝脏、鳃、心脏和消化道等组织的细胞质内，脾、肾是其主要感染器官；通过对聚合酶链反应产物的克隆和序列分析，发现传染性脾肾坏死病毒的聚合酶链反应扩增产物与真鲷虹彩病毒基因相应序列的同源性很高，达 92.5%，进一步证明传染性脾肾坏死病毒属虹彩病毒科。

二、症状

病鱼嘴张大，呼吸加快、加深，失去平衡；严重贫血，鳃及肝脏均呈苍白色，并常伴有腹水，肝脏上有淤血点，脾脏、肾脏肿大，脾脏、肾脏中有由病毒引起的强嗜碱性的肿大细胞，脾脏、肾脏坏死；肠内充满黄色黏稠物；心脏淡红色；部分病鱼体色变黑，有时有抽筋样颤动。

三、诊断

1. 初步诊断　相关症状见上文。

2. 进一步检查

（1）病理切片　苏木精—伊红染色，显微镜检查可以看到被感染细胞肿大 3～4 倍，核萎缩为正常核的 1/3，染成紫黑色；胞质呈蓝色，嗜碱性。

（2）超薄切片，电镜观察　在被感染的细胞质内可以看到直径 150 纳米左右的球形病毒颗粒。

3. 病毒核酸检测法　李新辉等 1997 年报道，通过检测鳜外源核酸，结合临床分析手段，建立了病毒核酸检测手段。在传统离心分离基础上，结合分子生物学手段，在患病鳜组织中从核酸水平进行病毒检测。该病毒核酸相对分子质量为 1.3×10^7，来自 2000～3000 转/分区域的沉淀物，一个工作日内可完成检测。

4. 聚合酶链反应检测　李新辉等（2001）根据 RAPI 扩增的鳜病毒核酸的特异片段 SCVE369 设计一对引物，建立了鳜病毒病的聚合酶链反应检测法。由于怀疑鳜病毒是虹彩病毒科中的成员，邓敏等（2000）根据真鲷虹彩病毒核苷酸还原酶小亚单位（RNRS）基因的高度保守区探索性地设计并合成一对引物，也报道了鳜病毒病的聚合酶链反应检测法，可检测到 0.1 皮克的病毒脱氧核糖核酸（1 皮克＝10^{-12} 克）。

四、预防措施

①严格执行检疫制度。

②加强饲养管理，进行健康养殖，保持优良水质，将鱼养得健壮。

③注射多联灭活细胞苗。

第四节 传染性胰脏坏死病 >>>

传染性胰脏坏死病（IPN）是由病毒引起的危害极其严重的一种鱼病。此病是口岸鱼类检疫对象。

一、病原

传染性胰脏坏死病毒（IPNV），为双股核糖核酸类型，病毒颗粒呈六角形或者近似圆形，20 面体，直径 50～72 纳米，少数可达到 75～110 纳米，有单层衣壳，没有囊膜，有 92 个壳粒。对乙醚、氯仿等脂溶剂，以及胰酶、乙二胺四乙酸不敏感，对甘油也很稳定，对热和酸稳定。可以在多种冷水性鱼类的细胞株中增殖，并使细胞产生病变；而在温水性鱼类的细胞株中不增殖，也不出现细胞病变。敏感细胞接种病毒后，在 15～25℃均能出现细胞病变，最适温度为 15～20℃。该病毒现有 VR_{299}、Sp、Ab、He 等不同血清型。

二、症状

分急性型和慢性型。患急性型的病鱼体色无大变化，肛门处拖着 1 条灰白色黏液便，常突然离群狂游、翻滚、旋转，间歇片刻后又重复做以上游动，直到死亡；从转动到死亡仅 1～2 小时；胸腹部

呈紫红色，鳍基部有出血点。慢性型病鱼体色发黑，眼球突出，腹部膨大，有腹水，鳍基部及体表充血、出血；病鱼常停于水底或者分水口网栅两侧，游动缓慢，不吃食。解剖病鱼，可见肝脏、脾脏肿大、苍白、贫血，胃肠内没有食物，只有黄色或者灰白色黏液。这些黏液样物质通常在 5％～10％的福尔马林（甲醛）中不凝固，具有诊断价值。组织切片可见胰脏严重坏死，一些细胞的胞浆内有包涵体。

三、诊断

1. 初步诊断　肠道中没有食物，而有许多黄色或者灰白色黏液，这些黏液样物质在 5％～10％福尔马林（甲醛）中不凝固，可以作为诊断此病的依据。

2. 病理学检查　对病鱼胰脏的组织切片进行显微镜检查，可以看到胰脏坏死，胞浆内有包涵体。对超薄切片进行透射电镜检查可以看到六角形病毒颗粒。

3. 病毒分离诊断　用虹鳟性腺细胞（RTG－2）细胞株分离病毒，15℃培养 4 天后染色，可以看到空斑及细胞病变，根据空斑及细胞病变特点，可以做出进一步诊断。病变细胞的核固缩，细胞变长，相互分离，并脱离瓶壁；对病毒抵抗力强的细胞，核虽已固缩，但仍贴在瓶壁上，因此空斑大多呈网状，特别是空斑的边缘，健全和变性的细胞相互混杂。

4. 最后确诊

（1）中和试验　由于传染性胰脏坏死病毒的血清型很多，诊断时有必要使用多价抗血清。美国东部鱼病研究所已制成了多价抗传染性胰脏坏死病毒血清（7 株病毒）。

（2）补体结合法　采用已知病毒可溶性抗原以测定病鱼血清中

有无相应抗体。此法的特异性较中和试验低，但由于补体结合抗原出现早、消失快，故可用于早期诊断。

（3）直接荧光抗体法　直接荧光抗体法能迅速、正确地检出在组织及培养细胞内的病毒。用虹鳟性腺细胞，20℃培养3～4小时就可以检出，且血清型不同株间不会引起交叉反应。

（4）酶联免疫吸附试验　在发病季节，可以在3小时内确诊流行病是否由传染性胰脏坏死病毒引起；鱼卵可以在48小时左右确定是否被传染性胰脏坏死病毒污染；对外观无症状的病鱼，可以在24小时左右检测血中是否有传染性胰脏坏死病毒的抗体。该方法具有速度快、灵敏度高、特异性强、操作方便、可在野外应用等优点。中国科学院水生生物研究所鱼病室病毒组已制备出试剂盒，可供有关单位使用。

（5）斑点酶联免疫吸附试验　该试验具有简便、快捷、不需要特殊仪器、结果可长期保存的优点。可检测低于每毫升0.1微克的病毒抗原，每个样品仅用1～2微升即可得到阳性结果，整个过程只需4小时左右。

（6）免疫过氧化物酶技术　刘荭等1995年报道，该方法特异性强、快速、简便，可作为早期检测和诊断用。

（7）寡核苷酸脱氧核糖核酸探针检测　采用生物素标记寡核苷酸脱氧核糖核酸探针检测有成本低、方法简便、检测速度快（检测工作可在10小时内完成，而用放射性探针检测鱼病毒，需2天以上的放射自显影时间）、对人体无危害（放射性同位素标记的探针不稳定，对人体有危害，需特殊的实验室条件和污物处理技术等）等优点，且此探针不与同科的传染性法氏囊炎病毒、果蝇X－病毒以及呼肠孤病毒科的蓝舌病毒（BTV）发生交叉反应，故有较强的种间特异性。该方法目前存在的主要问题是灵敏度较差，这主要需靠杂交与显色技术的改进加以解决；探针不能鉴别传染性胰脏坏死病毒

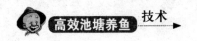

的不同血清型，不过迄今为止，所有血清型的传染性胰脏坏死病毒都是致病的，都是检测对象。

四、预防措施

（1）加强检疫　加强综合预防措施，严格执行检疫制度，不将带有传染性胰脏坏死病毒的鱼卵、鱼苗、鱼种及亲鱼输出或者运入。国际动物卫生法典对虹鳟鱼类的出口有所规定，要求既无临床症状或者病理剖解变化，又在 12 个月内不再发现病情的渔场才允许其出口。此外，还要求用细胞培养的方法在鱼池水及出口鱼的鱼卵、精液、体腔内不再检出病毒。

（2）疫情控制　发现疫情要进行彻底消毒，病鱼必须销毁，用有效氯 200 克/平方米消毒鱼池；在 8～10℃ 时，用 2％福尔马林（甲醛）或者氢氧化钠水溶液（pH 值 12.2）消毒 10 分钟。

（3）良种培育　建立基地，培育无传染性胰脏坏死病毒的鱼种，严禁混养未经检疫的其他种类的鱼。

（4）发眼卵防治　发眼卵用每立方米水体中放聚烯吡酮碘（聚乙烯吡咯烷酮碘、PVP－I）1％液 500 毫升，药浴 15 分钟。如水的 pH 值高，需加聚烯吡酮碘 1％液 600～1000 毫升。经该方法处理后的鱼卵孵出的鱼苗，有时仍发生传染性胰脏坏死病，可能是传染性胰脏坏死病毒还在卵内或者在药液难以到达的卵表面的某些部位。

（5）易感鱼类免疫　用传染性胰脏坏死病灭活疫苗浸浴、口服或者注射方法免疫易感鱼类的苗种。

（6）仔鱼免疫　据报道，对 2500 尾体重 0.4 克的仔鱼投喂 6 毫克植物血细胞凝集素，拌饲分 2 次投喂，2 次的间隔为 15 天，对预防传染性胰脏坏死病有一定效果。

第五节 传染性造血器官坏死病 >>>

传染性造血器官坏死病（IHN）是由一种弹状病毒引起的鲑科鱼类的一种急性传染病。主要危害鱼苗及当年鱼种，死亡率高，是口岸检疫的第一类检疫对象。

一、病原

传染性造血器官坏死病毒属弹状病毒科，弹丸形，大小为（60～100）纳米×（120～300）纳米，有 15 纳米厚的囊膜，一部分病毒呈球状；单股核糖核酸；对乙醚、甘油、氯仿、酸、热敏感；鲤鱼皮细胞、虹鳟肝细胞、大鳞大麻哈鱼发眼卵上皮样细胞、狗鱼性腺细胞、溯河性虹鳟发眼卵上皮样细胞等冷水性鱼类的细胞株中增殖，并发生细胞病变，核染色质趋向边缘、颗粒状，核膜肥厚，核变大，有时出现双核现象，不久细胞变圆、脱落，在空斑边缘可以看到细胞互相牵连，堆积成葡萄状，这是传染性造血器官坏死病毒使细胞病变的特征之一。培养的适温为 15℃左右，生长温度为 4～20℃。

电解质或者盐可加速病毒失去感染力，15℃时病毒在淡水中可生存 25 天，为海水中生存时间的 2 倍；在 14℃蒸馏水中，24 小时感染力为 10%～20%，72 小时仅 0.1%～1%；病毒在含血清的培养液中，－20℃可生存几年；4℃时病毒在卵巢液，鱼苗，脾，脑的匀

浆中可短期保存，感染力可维持几周；－20℃时病毒在肾脏和肝脏匀浆中可保存1个月，但1年后失去感染力。病毒在含10%血清或者其他蛋白的液体中保存的最好方法是冷冻干燥法，在冷冻和解冻处理过程中，病毒不受损害。

二、症状

特征之一为苗种突然死亡。病鱼首先游动缓慢，顺流漂起，摇晃摆动，时而出现痉挛，继而浮起横转，往往在剧烈游动后不久即死。此时出现的狂游为传染性造血器官坏死病的特征之一。病鱼体色发黑，眼球突出，腹部因腹腔积水而膨大；鳍条基部充血，肛门处常拖着1条长而粗的白色黏液便；贫血，鳃及内脏的颜色变淡；口腔、骨骼肌、脂肪组织、腹膜、脑膜、鳔和心包膜常有出血斑点；肠出血，鱼苗的卵黄囊也会出血，因充满浆液而肿大。病后残存的鱼脊椎弯曲。

三、诊断

1. 初步诊断 与传染性胰脏坏死病相比较，患传染性造血器官坏死病的病鱼，肛门后面拖的1条黏液便比较粗长、结构粗糙。

2. 进一步诊断 对病鱼的肾脏和胃肠道进行石蜡切片观察，如造血器官严重坏死，胃、肠固有膜的颗粒细胞发生变性、坏死，可做出进一步诊断。在循环血液中出现许多不成熟的红细胞，有些红细胞多形、胞浆中有空泡，巨噬细胞的胞浆中有细胞碎片及空泡；前肾的压片中也可看到具有诊断价值的细胞碎片，可进一步做出诊断。虽然患传染性胰脏坏死病的病鱼中有时也有，但数量较少。

（3）病毒分离培养法　进行病毒的分离培养，观察虹鳟性腺细胞上的细胞病变特征；细胞变圆、脱落，在空斑的中央通常是空的，而在空斑边缘可看到细胞互相牵连，堆积成葡萄状，空斑的边缘能部分或者全部地看到这种现象，这是传染性造血器官坏死病毒细胞病变的特点。受传染性胰脏坏死病毒感染的细胞变长，相互分离，并脱离瓶壁；但对病毒抵抗力强的细胞，核虽已固缩，但细胞仍贴在瓶壁上，因此空斑大多呈网状，特别是空斑的边缘。以上特点可作为区别上述两种病的依据之一。

（4）酶联免疫吸附试验　用酶联免疫吸附试验快速检测传染性造血器官坏死病毒 B 株，特异性强，不与传染性胰脏坏死病毒 Sp 株、传染性胰脏坏死病毒 He 株、传染性胰脏坏死病毒 Ab 株及病毒性出血败血症病毒出现交叉反应。

四、预防措施

①加强综合预防措施，严格执行检疫制度。

②鱼的内脏必须煮熟后才可以作为鱼苗、鱼种的饲料。

③发眼卵用每立方米水体中放聚烯吡酮碘（PVP－I）1‰液 500 毫升，药浴 15 分钟。如水的 pH 值高，需加聚烯吡酮碘 1‰液 600～1000 毫升。

④鱼卵孵化及苗种培育阶段，将水温提高到 17～20℃，可预防此病发生（但鱼体内的病毒并未被消灭）。

⑤用减毒疫苗浸泡 48 小时或者腹腔注射，均可使鱼产生抗病力，至少可维持 110 天以上。群体免疫可用真空高渗法。

⑥用传染性造血器官坏死病组织浆灭活疫苗浸泡免疫，保护率

最高可达 75%。

⑦据报道，对 2500 尾（0.4 克重仔鱼）投喂 6 毫克植物血细胞凝集素（PHA），分 2 次投喂，2 次的间隔为半个月，对预防传染性造血器官坏死病有一定效果。

第六节 鳗鲡狂游病 　　　　　>>>

　　鳗鲡狂游病是一种急性传染病。病鱼在水中上下乱窜、打转、狂游，故称狂游病。

一、病原

　　病原为冠状病毒样病毒（陶增思等，1997）。单股脱氧核糖核酸，有囊膜，囊膜突起顶端膨大，呈花冠状排列。对氯仿敏感，对

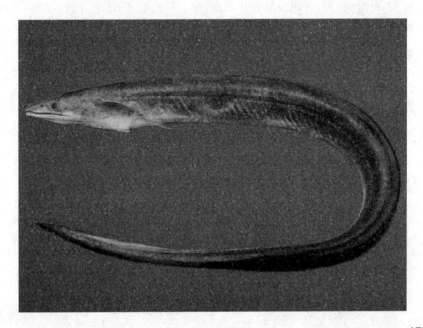

热不稳定，不耐酸、碱。该病毒在虹鳟肝细胞（R）、草鱼肾细胞（GCK）和草鱼卵巢细胞（CO）上不能复制；在鲤上皮瘤细胞（EPC）上可以复制，且引起细胞病变，呈现细胞圆缩、细胞融合形成空斑，以及脱落悬浮细胞增多等变化。该病毒的培养难度较大，须用病毒强攻细胞几代以后，再进行病毒盲传数代（4代以上），这样能增强病毒感染细胞的机会。在细胞空泡及粗面内浆网内有大量病毒颗粒。人工感染，体重300～700克的鳗鲡，每尾肌肉注射0.2毫升（含病毒1.2×10^6），注射3天后出现典型病症。

二、症状

病鳗最早出现食欲极为旺盛、异常抢食现象，数日后离群、不摄食，在水中上下乱窜、打转，呼吸困难，接着反应迟钝，头上浮水面长时间不动，口张开，背部肌肉痉挛，躯体出现多节扭曲，胸部皮肤出现皱褶，肝区肿大，有时鳍、胸、下颌皮肤点状出血，鳃上黏液增多，体表黏液脱落。多种实质脏器的细胞发生变性坏死，尤以肝脏、肾脏、心脏为严重。死亡的鳗鲡身体僵直，口张开，头上仰呈窒息死亡状。

三、诊断

①根据症状及流行情况进行初步诊断。

②对超薄切片进行电镜观察看到病毒颗粒，可做出进一步诊断。

③取病鱼组织匀浆，加双抗除菌，然后注射健康的欧洲鳗，水温在25℃以上，饲养观察半个月，如欧洲鳗发生狂游症状死亡，则可进一步诊断为患狂游病。

四、预防措施

采取综合预防措施，严格执行检疫制度，将鳗鲡养得健壮。一旦发病，应以保持良好的生态环境条件、减少应激为主要措施，并施以中草药类药物、水质改良剂、含氯剂等，一般禁止使用抗生素及刺激性较强的药物。有条件者以降低水温为最佳方案，并在饲料中添加清凉解毒、具抗病毒作用的中草药及适当的维生素。

第七节 鱼痘疮病

　　鱼痘疮病是鲤科鱼类的一种慢性皮肤病，过去主要危害鲤，所以以前又叫鲤痘疮病。近年来鲫、圆腹雅罗鱼、草鱼等也都受害。病原体为疱疹病毒。病鱼体表有乳白色、奶油色、桃红色、褐色，甚至黑色的增生物。该病发生在秋末至春初低温季节，如病情不严重，当水温升高时可自愈；但当严重感染时，则能影响生长，使病鱼降低或者丧失商品价值，甚至引起死亡。

一、病原

　　病原为疱疹病毒。病毒颗粒近球形，二十面体，在鲤上皮细胞内包裹的病毒大小为 190 纳米 ± 27 纳米，核心 113 纳米 ± 9 纳米，为有囊膜的脱氧核糖核酸病毒。对乙醚、酸、碱、热不稳定；复制被碘苷 IUDR 所抑制；能在鲤上皮细胞、MCT、鲤上皮瘤细胞等细胞株上增殖，也可以在鲤科鱼类的初代皮肤上皮细胞上生长；复制适温为 $15\sim20$℃；不产生合胞体，被感染细胞显示染色质边缘化，核内形成包涵体；约 5 天开始出现细胞病变，病灶空泡化，核固缩，并缓慢脱落。

二、症状

疾病早期，在病鱼体表（躯干、头部及鳍）出现白色斑点，以后变厚、增大，形成增生物，色泽由原来的乳白色，逐渐变为奶油色、桃红色、褐色，甚至黑色，上面有时有极小的红色条纹（毛细血管）；增生物的形状及大小各异，面积可从 1 平方厘米左右至数平方厘米，甚至更大；厚 1～5 毫米；其表面最初光滑，后来变为粗糙，玻璃样或者蜡样，有时不透明，质地也由柔软变为稍硬。这些增生物首先是上皮细胞异常增生，接着是含有微血管的致密结缔组织增生。

三、诊断

①根据症状及流行情况进行初步诊断。

②进行病灶处组织石蜡切片，苏木精－伊红染色，看到上皮增生，核内形成包涵体，可做出进一步诊断。

③将病灶组织进行超薄切片，用透射电镜观察，看到大量病毒颗粒，可做出诊断。

④进行病毒分离培养鉴定。

四、预防措施

①严格执行检疫制度，不从疫区购进鱼种。

②彻底清塘，加强饲养管理，进行综合预防，保持优良水质，将鱼养得健壮。

　　③发病严重地区或者池塘，在进行彻底清塘后，可以改养对痘疮病不敏感的团头鲂、鲢、鳙等鱼类。

　　④在发病季节，每月全池泼1～2次水产保护神，每立方米水体泼0.1毫升。

第八节 小瓜虫病 >>>

一、病原

病原为凹口科、小瓜虫属多子小瓜虫。这是一类体形比较大的纤毛虫。它在幼虫期和成虫期的形态有很明显的差别。小瓜虫的幼虫大多侵袭鱼的鳃和皮肤，以皮肤最为普遍。当幼虫感染了寄主后，就会钻进皮肤或者鳃的上皮组织，将身体包在寄主分泌的小囊胞内，在里面生长发育，变为成虫。成虫冲破囊胞之后落入水中，自由游动一段时间便会落在水底，静止下来，分泌出一层胶质的胞囊。胞囊里的虫体以分裂法繁殖，产生成百上千的纤毛幼虫。幼虫出来，在水里自由游动，找寻合适的寄主，这便是小瓜虫的感染期。幼虫感染了新寄主，便重复上述过程。

二、症状

因小瓜虫寄生而发病的观赏鱼病例较为普遍。鱼体感染初期，胸、背、尾鳍以及体表皮肤都有白点，这个时候病鱼照常觅食活动。几天后白点就会布满全身，鱼体便失去了活动能力，通常呈现出呆滞状，浮在水面、游动缓慢、食欲不佳、体质消瘦、皮肤伴有出血点，有时左右摆动并在水族箱壁、水草、沙石旁侧身迅速游动蹭痒，

游泳渐渐地失去平衡。病程一般在 5～10 天。传染速度非常快，如果治疗不及时，短时间内就会造成大量死亡。15～25℃是小瓜虫的适宜水温。这种病多在初冬、春末以及梅雨季节发生，特别在缺乏光照、低温、缺乏活饵的情况下容易流行。当水温升至 28℃时，小瓜虫就会渐渐地死亡。

三、防治方法

利用小瓜虫不耐高温的弱点，提升水温，再配以药物治疗，通常治愈率可达90％以上。如果治疗及时，治愈率可达100％。用百万分之二十五（25ppm）的甲醛溶液和百万分之零点零五（0.05ppm）的孔雀石绿溶液混合处理，疗效很好；或者用百万分之二（2ppm）的硝酸亚汞药液浸泡30分钟；或者用1％的盐水浸泡数天；或者用 28～30℃的百万分之二（2ppm）的盐酸奎宁药液浸泡3～5 天；或者用百万分之二（2ppm）的甲基蓝溶液，每天浸泡 6 小时；或者用百万分之零点一至零点二（0.1～0.2ppm）的硝酸汞溶液泼洒，都能取得良好的效果。

第九节 双线绦虫病 >>>

一、病原

病原为双线绦虫的裂头蚴。虫体扁平、肉质肥厚、白色，被称为"面条虫"。桡足类（如各种剑水蚤）是双线绦虫的第一中间寄主。钩球蚴进入其体腔中经过 9～10 天的发育，成长为成熟的原尾蚴。第二中间寄主为鱼类。鱼吞食了感染原尾蚴的桡足类，原尾蚴在鱼类体腔内发育，通常要到第二年才能发展到侵袭期。最终寄主为食鱼的鸟类。原尾蚴在最终寄主的肠内发育，很快就能变为成虫。

二、症状

寄生在鱼的体腔内的双线绦虫幼虫，会使寄主腹部膨胀。病情严重的鱼常在水面缓慢地游动，侧着身体甚至腹部向上。剖开鱼腹，能够看到体腔内充满白色带状的裂头蚴。因为它的寄生，使寄主内部器官受压并且渐渐地萎缩，使正常机能受破坏，造成生长停滞、身体瘦弱；生殖器官也会被完全破坏，从而导致不孕。有时裂头蚴还破坏鱼的腹壁，钻出体外，使鱼死亡。

双线绦虫病分布很广。近年来，在七彩神仙鱼等喂食活饵的观赏鱼中感染比较普遍，迄今尚无特效治疗办法。治疗原则和方法与九江头槽绦虫病相同。

第十节 五爪虫病 >>>

一、病原

病原为腔肠动物五爪虫。这种虫生命力极强，身体的任何一小部分都可以再生成为完整的个体。繁殖力也特别强，可以由身体各部萌芽繁殖，黏附在水族箱玻璃面上，一周后可遍布整个水族箱。

二、症状

鱼体黏附上五爪虫，皮肤会被咬伤进而发炎。因为五爪虫吮吸鱼体血液，所以，鱼体慢慢地消瘦直至死亡。

三、治疗方法

发现五爪虫时，如果数量不多，可用镊子夹除；如果数量较多就难以清除了，只有把鱼和水草移出，清洗消毒。对整个水族箱进行全面性的消毒，用刀片刮去玻璃面上的萌芽体，再以百万分之五（5ppm）的高锰酸钾溶液杀灭五爪虫，或者在水族箱中放养珍珠马甲鱼、接吻鱼捕食五爪虫。

第十一节 肤霉病 >>>

一、病原

病原为绵霉属、异霉属、丝囊霉属、水霉属、腐霉属等种类。

二、症状

捞捕、运输观赏鱼的时候，稍有不慎，使鱼体皮肤受伤或者寄生虫侵袭使皮肤破坏，霉菌的孢子就会侵入伤口，吸取营养，迅速萌发。菌丝一端向外生长，一端向内深入肌肉，形成棉絮状菌丝。霉菌刚寄生时，不易被肉眼发现；等到肉眼能看到时，菌丝已从鱼体伤口侵入，由外向内生长。菌丝与伤口的细胞组织缠绕黏附，造成组织坏死。因为棉絮状的菌丝日益增多，鱼体负担过于沉重，便会游泳失常，食欲减退，逐渐瘦弱，最后死亡。观赏鱼感染霉菌时，还受光照时间长短的影响。较长时间的阴雨天气或者室内灯光、日光等光源不足，都能促使霉菌滋生。受霉菌感染的鱼体，一般情况下，皮肤布满白翳，尤其是红色、黑色鱼最为明显，从而失去鱼体应有的光泽；随后活动缓慢，如果不及时治疗，鱼体霉菌蔓延，会使患处肌肉腐烂，食欲不振，最终导致死亡。

三、治疗方法

　　肤霉病一年四季均可出现，以初春和晚冬最常见。为了防止水霉病的发生，应注意操作时尽量防止损伤鱼体或者寄生虫咬伤，并可在水中投入适量食盐，以抑制水霉病的发生。当发现鱼体感染水霉病时，可用3‰食盐水浸洗，每天1次，每次5～10分钟，或者用百万分之一至二（1～2ppm）的孔雀石绿溶液浸洗20～30分钟，或者用百万分之二（2ppm）的高锰酸钾溶液加1‰食盐浸泡20～30分钟，或者用百万分之五（5ppm）的呋喃西林溶液浸洗，或者用百万分之一至二（1～2ppm）的次甲基蓝溶液浸泡20～30分钟，或者用百万分之零点零二（0.02ppm）的孔雀石绿溶液、百万分之零点三（0.3ppm）的甲醛溶液直接泼洒入水族箱，以抑制霉菌的滋生。还可提高水温以抑制水霉的生长。在水族箱顶端安装一盏15瓦的紫外线灯，每日照射数小时，可有效地抑制或者消除水霉的滋生。

第三章
淡水鱼类甲壳动物病及
钩介幼虫病的防治

　　淡水鱼类甲壳动物病是由甲壳动物寄生引起的淡水鱼类疾病。甲壳动物的主要特征是身体异律分节，分头、胸、腹三部分（有些种类的头、胸部融合），具有几丁质的外骨骼，有 2 对触肢，附肢有关节，循环系统为开管式。甲壳动物绝大多数生活在水中，多数对人类有利，可供食用（如虾、蟹等），或者是当作鸡、鸭、鱼的饲料，农田的肥料；但也有一部分是有害的，其中有不少种类寄生在淡水鱼类的鱼体上，影响鱼的生长及性腺发育，严重时可引起淡水鱼类大批死亡，并危害苗种。寄生于淡水鱼类的甲壳动物主要有桡足类、鳃尾类和等足类等。它们的主要区别为：

　　①桡足类。身体小，一般无背甲，体节明显，头部常与第一或者前二、三个胸节融合而成头胸部（寄生的种类形态变异大，如锚头鳋的雌性成虫，虫体拉长，融合成筒形等），头部、胸部有附肢，腹部无附肢，雌体常携带卵囊，幼体发育要经过变态阶段；广泛分布于各种水域，是鱼类的饲料，其中一小部分寄生在各种淡水鱼类的鳃及体表上，影响鱼的生长、繁殖，以致引起病鱼死亡。少数种类寄生在鱼的鼻孔，危害较小。寄生桡足类的种类很多。

　　②鳃尾类。全部营寄生生活，虫体扁平；头胸部背面有宽大的盾状背甲，胸部第一节与头部融合，其余 3 节是自由的；腹部不分节；小颚在成虫时变成吸盘，有 2 只大复眼；胸部有游泳足 4 对，双肢型。危害淡水鱼类的主要是鲺。

　　③等足类。是较大和较高等的甲壳动物。虫体通常背腹扁，无背甲；腹部除最后一节外，通常每节具 1 对双肢型附肢，起呼吸作用；胸足形状相似，主要起爬行作用，故叫等足类。多数自由生活在海洋中，也有些生活在淡水及潮湿地区；一部分等足类营寄生生活，危害淡水鱼类及其他水产动物。

第一节 中华鳋病 >>>

中华鳋病是由中华鳋寄生引起的疾病。

一、病原

中华鳋属桡足类，寄生时寄生在淡水鱼的鳃上，只有雌性鳋的成虫才营寄生生活，雄性鳋终身营自由生活，雌性鳋的幼虫也营自由生活。

中华鳋的雌性成虫比雄性成虫要大1倍多。虫体长大，分节明显，分头、胸、腹三部分；头部呈三角形或者半卵形，头部与第一胸节间有颈状假节；胸部6节，第一至第四胸节的宽度大致相等，或者第四节稍宽大，第五胸节及第六胸节（又称生殖节）狭小；腹部3节，第一节与第二节、第二节与第三节间各有1个短小的假节。头部前端中央有1只中眼，中眼由3个背对背排成"品"字形的单眼所合成。头部有6对附肢，即2对触肢、1对大颚、2对小颚及1对颚足；第一触肢形状与自由生活的剑水蚤相似而较短，由6节组成，上有刚毛分布；雌鳋成虫的第二触肢特别强大，由5节组成，末端一节为锐利的爪，用以钩住宿主组织，以免被水流冲击而脱落，雄鳋的这对附肢与自由生活的剑水蚤相仿；口位于头部腹面后缘的中央，口周围被口器包围，口器包括上唇、下唇、大颚、第一小颚及第二小颚。雄性鳋还保留有1对颚足，在交配时用来拥抱雌鳋。

前五胸节上各有 1 对双肢型游泳足,第三腹节的后端有 1 对尾叉,上有刚毛及小毛若干根。

生活史:雌鳋在未寄生到宿主体上以前进行交配,雌鳋一生只交配 1 次。卵在子宫内受精后被前列腺分泌物包裹形成卵囊,然后一次排出体外,挂在雌鳋的生殖节(即第六胸节)上。生殖季节很长,在江浙一带自 4 月中旬(水温平均在 20℃左右)即开始产卵,一直可产到 11 月上旬。刚孵出来的幼体,虫体不分节,叫无节幼体;第一无节幼体正面观为鸡蛋形,侧面观背部隆起如弓;在背部近末端处有 1 个突出的小泡,这为鳋科无节幼体的特点;在虫体前方中央有 1 个中眼,有 3 对附肢。经数天后蜕皮 1 次,即成第二无节幼体,最后从蜕皮 4 次后的第五无节幼体的体内发育成一个与无节幼体形状完全不同的幼虫,一经蜕皮成第一桡足幼体,此时已具剑水蚤的雏形,蜕 4 次皮后成第五桡足幼体;交配后雄鳋仍在水中营自由生活直至死亡;雌鳋则一旦遇到合适的宿主就寄生上去,虫体骤长数倍,因而雌鳋在寄生后可能还要蜕皮 1 次,因桡足类的体外包着一层伸缩性很小的几丁质外壳,不经蜕皮不能如此剧烈地增大。

二、症状

此病早期没有明显症状,严重时病鱼呼吸困难,焦躁不安,在水表层打转或者狂游,尾鳍上叶常露出水面,群众称之为"翘尾巴病",不吃食,最后消瘦、窒息而死。病鱼鳃上黏液增多,鳃丝末端(虫寄生处)膨大成棒槌状,膨大处上面的鳃淤血或者有出血点;大中华鳋的第二触肢深深钩入鳃丝组织,在鳋的口器附近鳃组织严重受损,有许多轮廓清楚的细胞碎片脱落,大中华鳋的第一小颚将细胞碎片夹入口中。

三、诊断

虫体较大，用肉眼检查就可做出诊断，但要注意，如只有少量中华鳋寄生时，对鱼危害不大，应另找病因。

四、预防措施

1. 合理饲养　加强饲养管理，保持优良水质，增强鱼体抵抗力。

2. 定期药浴　鱼种下池前用下列任一种药液进行药浴：

①每立方米水体放硫酸铜 5.9～7.1 克和硫酸亚铁 2.1～2.9 克，药浴 10～30 分钟。

②每立方米水体放高锰酸钾 10～20 克，药浴 10～30 分钟。

第二节 新鳋病 >>>

新鳋病是由新鳋寄生引起的鱼病。

一、病原

日本新鳋属桡足类。雌性成虫营寄生生活，头部呈等腰三角形，两腰有2个波浪形的起伏；第一胸节特大，后缘几成圆弧；其余4胸节急剧狭小，第五胸节特小，宽约为长的5倍；生殖节膨大成坛状，宽大于长。卵囊中间粗，两端尖细，为体长的1/2～2/3，有卵4～5行，卵较大而数量不多。第一游泳足特大，内、外肢末端（不包括刚毛）可达第五胸节；基节后缘有向后伸展的三角形锥状齿，位于内、外肢之间，近内肢基部有1排三角形小齿；在外肢第二节的外侧向后生出1个袋状"拇指"，表面光滑透明，较外肢第三节长1/3，原第三节被挤在内侧。

二、症状、诊断、预防措施

均同中华鳋病。

第三节 巨角鳋病 >>>

巨角鳋病是由巨角鳋寄生引起的鱼病。

一、病原

巨角鳋，属桡足类。雌性成虫营寄生生活，虫体呈剑水蚤型；头部与第一胸节融合，头胸部背面前方有 1 个三角形区域，前端尖细并略突出；腹部 3 节；第二触肢末端具 1 爪；第一对游泳足的形状和大小，与第二、三对游泳足相似。

二、症状

病鱼的鳃、口腔及咽喉上有大量黏液，鳃呈花鳃；有大量巨角鳋寄生处呈灰色或者灰白色，鳃丝的轮廓无法分辨，肉眼可见密密麻麻的椭圆形巨角鳋及棒状的白色卵囊，鳃呈红色部分仅占整个鳃片的 1/5～1/4，病鱼呼吸困难，不吃食而死。

三、诊断及预防措施

均同中华鳋病。

第四节 锚头鳋病 >>>

虫的头部像船上的铁锚，故又称铁锚虫病；虫寄生在鱼体后，露在鱼体外的部分像一根针，所以又称针虫病。

一、病原

锚头鳋，属桡足类。虫体分头、胸、腹三部分。雄性锚头鳋终身营自由生活，始终保持剑水蚤型的体形。而雌性锚头鳋在开始营永久性寄生生活时，体形就发生了巨大的变化，虫体拉长，体节融合成筒状，且扭转，头胸部长出头角；头胸部由头节和第一胸节融合而成，顶端中央有1个半圆形的头叶，在头叶中央有1个由3个小眼组成的中眼；在中眼腹面着生2对触肢和口器，口器由上唇、下唇、大颚、小颚和颚足组成。头胸部分角的形状和数目因种类不同而异，有的背角和腹角长成交叉的"X"形，有的背、腹角有分枝，有的缺腹角。胸部和头胸部之间没有明显的界线，一般自第一游泳足之后到排卵孔之前为胸部。锚头鳋在生殖节上也有1对游泳足，共有6对游泳足。雌性锚头鳋在生殖季节常带有1对卵囊，卵多行，内含卵几十个至数百个。腹部很短小，在末端上有1对细小的尾叉和长、短刚毛数根。

生活史：锚头鳋产卵囊的频率，主要随水温而改变，在20～25℃时，1只多态锚头鳋在28天内共产卵囊10对；草鱼锚头鳋当平均水温 21.1℃时，20～23 天内产卵囊 7 对。自产卵囊到孵化，温度不同，所需时间也不同；如草鱼锚头鳋在水温 18℃左右时需 4～5 天，20℃时只需 3 天；多态锚头鳋在平均水温 25℃时约需 2 天，而当 26～27℃时只需 1～1.5 天，水温降到 15℃时需 5～6 天，约在 7℃以下就停止孵化。

无节幼体自卵中孵出后，就能在水中间歇性地游动，有敏锐的趋光性，蜕 4 次皮后发育为第五无节幼体，再蜕 1 次皮即成第一桡足幼体。自孵化至第一桡足幼体，18～20℃时需 5～6 天，水温 25℃左右需 3 天，当平均水温高达 30℃时，就只需 2 天。

第一桡足幼体蜕 4 次皮后发育为第五桡足幼体。第一桡足幼体发育为第五桡足幼体，水温 16～20℃时，草鱼锚头鳋需 5～8 天，多态锚头鳋在 20～27℃时需 3～4 天。桡足幼体虽仍能在水中自由游泳，但必须到鱼体上营暂时性寄生生活，摄取营养，否则就不能蜕皮发育，数天后即死亡。水温在 7℃以下，锚头鳋基本上停止蜕皮；20～25℃为生命活动最活跃时期，水温升高到 33℃以上时，蜕皮又被抑制。

锚头鳋在第五桡足幼体时在鱼体上进行交配，交配后的雄虫离开鱼体后不久即死。雌性锚头鳋一生只交配一次，交配后的第五桡足幼体就寻找合适宿主营永久性寄生生活。当寄生到鱼体上之后，根据虫体的不同发育阶段，可将雌性成虫分为"童虫""壮虫""老虫"三种形态。"童虫"状似细毛，白色，无卵囊；"壮虫"虫体透明，肉眼可见体内的肠蠕动，在生殖孔处常有 1 对卵囊，若用手触动虫体时，虫体可以竖起；"老虫"身体混浊不透明，变软，体表常着生许多原生动物，如累枝虫、钟虫等，显出老态，像这样的虫体不久即会死亡脱落。锚头鳋的繁殖适温为 20～25℃，一般在 12～33℃均可以繁殖；超过 33℃，非但不能大量繁殖，成虫还会大批死亡。锚头鳋在鱼体上的寿命长短与水温有密切关系，在夏季水温

25～27℃时，锚头蚤在鱼体上的寿命仅 14～23 天；秋季寄生到鱼体上的锚头蚤的寿命要比夏季的稍长，可在鱼体上过冬，至翌年 3 月当水温 12℃时开始排卵，所以锚头蚤在鱼体上的寿命最长为 5～7 个月（在长江流域）。

二、症状

锚头蚤若寄生在白鲢、花鲢等鳞片较小的鱼体表，可引起寄生处周围的组织红肿发炎，形成石榴子般的红斑；若寄生在草鱼、鲤等披有较大鳞片的鱼的皮肤上，寄生部位的鳞片被"蛀"出缺口，鳞片的色泽较淡，在虫体寄生处也出现出血的红粤，但肿胀一般较不明显。锚头蚤寄生在幼小鱼体上时，头胸部常能穿透宿主的体壁，进而钻入内脏、肠系膜，甚至钻入肝脏，引起内脏充血发炎，鱼体畸形弯曲，加速病鱼死亡。锚头蚤大量寄生在鳗鲡、草鱼的口腔内时，可使病鱼因口不能关闭，不能摄食而死。锚头蚤大量寄生时，病鱼焦躁不安、食欲减退，继而鱼体消瘦，游动缓慢而死。由于虫体前端钻入宿主组织内，后半段露出鱼体，老虫的体表又常有大量累枝虫、钟虫等附着，因此当寄生情况严重时，鱼体上好似披着蓑衣，故有"蓑衣病"之称。

当锚头蚤少量寄生，鱼又较健壮时，病鱼会形成肉芽组织将锚头蚤包围，使锚头蚤夭折。

三、诊断

锚头蚤的虫体较大，用肉眼检查就可做出诊断。但要注意，当只有少量锚头蚤寄生时，尤其是大鱼，一般不会引起病鱼死亡，应另找病因。

四、预防措施

1. 饲养管理　加强饲养管理，保持优良水质，提高鱼体抵抗力。

2. 免疫的应用　锚头鳋的种类很多，利用锚头鳋对宿主的选择性，可以采用轮养法，以达到预防的目的。根据潘金培等（1979）报道，鱼患锚头鳋病后鱼体获得免疫力，免疫期持续 1 年以上，采用人工方法使鱼种获得免疫力后，再放入大水面饲养，以控制大面积水体中锚头鳋病的发生，是一条值得探讨的途径。

3. 彻底清塘　在捕完鱼后把塘水排干，用高压水枪冲刷池底，再将泥水排到塘外。

第五节 拟马颈颚虱病 >>>

拟马颈颚虱病是由拟马颈虱引起的一种疾病。

一、病原

长江拟马颈颚虱属桡足类。雌体全长（包括第一颚足）22.0～34.7毫米。头胸部背面观呈葫芦瓢形，颈短小，躯干较宽大，其两侧中部和后端各有1对显著的圆形侧叶，躯干末端有一明显的肛门锥。第一触肢单肢，3节；第二触肢双肢型；口管圆形，口孔周围生1圈纤毛；小颚顶端具3个分节的尖刺；大颚前端一侧有9个锯齿；第一颚足从头胸基部的腹面向前伸出，逐渐变细，在伸至顶端时，两臂合并于一短柄，短柄的顶端具一五角星状的固着器；第二颚足形小，粗壮，由3节组成，第三节顶端具一较大的爪。卵囊长大，内有4～5行卵列。雄体幼小，附着在雌体的肛门锥及躯干侧缘，体长1.95～2.55毫米。

二、症状

此病早期没有明显症状，严重时，病鱼常在水面蹿游不止，间或跃出水面，体色呈灰苍白色，寄生部位充血、发红，由于虫体前部固着器及口器的机械破坏作用，使寄生处形成密密麻麻蜂窝状的小洞，组织溃烂，严重的溃烂达 1～2 厘米深；寄生在骨板附近的寄生虫可导致骨板腐烂。同时由于寄生虫对宿主的营养、血液的夺取，使鱼体很快消瘦，骨板外凸，生殖腺退化。当鱼的口腔、食道、鳃腔、鳃弓的上皮组织完全被虫充满，每平方厘米有 5～6 个虫寄生，体表寄生面为鱼体的 1/5～1/4 时，病鱼死亡。如继发细菌感染，则死亡就更快。

三、诊断

长江拟马颈颚虱的虫体较大，用肉眼检查即可做出诊断。但要注意，少量虫寄生时不会引起病鱼死亡，应再仔细检查其他病因。

四、预防措施

①彻底清塘。

②加强饲养管理，保持优良水质，提高鱼体抵抗力。

③中华鲟入池前应进行消毒处理。

第六节 鲺 病 >>>

鲺病是由鲺寄生引起的疾病。

一、病原

鲺属鳃尾类。虫体扁平而且个大，颜色一般和宿主的体色差不多，这能起到一定的保护作用。雄鲺没有雌鲺个头大。分为头、胸、腹三部分。头部向后伸延形成形如马蹄的背甲，通常和第一胸节融合，并且在腹面边缘布满倒生的小刺；在腹部边缘和背甲都有长短不一的细毛（需在扫描电镜下才能看到），起到触觉的作用。头部有1对复眼，呈肾脏形，复眼是由许多小眼组成的，外围有透明的血窦；头部中间有3只单眼组成的1只中眼；头部有1对大颚，1对小颚、1对颚足和2对触肢。口管呈短圆筒形，由上、下唇组成，口管内有1个对大颚，大颚内缘后半段有大齿数枚，大颚呈三角形或者阔镰刀形，前半段有若干个小齿；口管可向前或者左右移动，可以自由张闭。口管前有1个口前刺，能上下伸缩并且能左右摆动，还可以分泌毒液。1对小颚在成虫时变为1对吸盘；颚足由5节组成，上有许多大小不一的倒刺。

胸部4节，第一节与头部融合，有4对双肢型游泳足，是鲺的主要行动器官。在后3对游泳足上有雄鲺的副性器。

雄鲺的腹部有1对长椭圆形的睾丸，每个睾丸上都有1个输精

患鱼鲺病的鳜鱼

中华鲺

小管通到胸部的贮精囊，由贮精囊前的 2 条输精管向后折转合并成为射精管，第四胸节的末端有开口；此外，从输精管的中部向前分出 1 对粗大的盲管，能延伸到第一、二胸节之间。

腹部不分节，为 1 对扁平长椭圆形的叶片，前半部融合，是充满血窦的呼吸器；在二叶中间凹陷的地方有 1 对很小的尾叉，上具刚毛数根。

雌鲺在幼虫时卵巢为一堆细胞，位于肠的两侧，后逐渐扩大，移到虫体中线，形如倒置的狭口坛，在胃的背面，到第四胸节的末端突然狭小，并由此向外开口，此孔被隔为左右两个，交替使用，在腹部有 1 对受精囊，布有黑褐色色素，其前端各有受精管通中空的精锥；精锥后有 1 对裙片。

生活史：鲺每次产卵数十粒到数百粒不等，不形成卵囊，直接将卵产在水中的固体物上。产卵的时候雌鲺离开宿主，在水中寻到合适地方后，就用吸盘紧贴附着物，游泳足仍不断摆动，虫体每收缩 1 次就产下 1 枚卵，卵被精锥刺一下而受精，与此同时排出胶液，遇水后卵粒便牢牢地粘在附着物上，在卵的表面形成 2 条嵴，然后再产第二枚卵。在正常状态下鲺所产的卵排列整齐，且排成数纵行。鲺喜欢在静水及黑暗的环境中产卵。日本鲺的卵在水中离水面 35～55 厘米处垂直分布的最多。水温高低影响孵化速度，在一般情况下，水温低则孵化慢；反之则快。平均水温在 15.6～16.5℃时，需 29～50 天；29～31℃时，日本鲺的卵孵化仅需 9～14 天。

刚孵出的幼鲺，虫体很小，体长大约有 0.5 毫米，体节与附肢的数目和成虫相同，只是发育程度不同。背甲呈长方形，前缘稍宽，

呈弧形，并附生有细刚毛；腹部很小，尾叉非常明显，在腹部的末端。第一触肢与大颚各具 1 对大的触须，作为游泳时的运动器官，等到第 2 次蜕皮后，这 2 对触须就会完全消失；小颚共有 4 节，末端有锯齿状的钩爪，是幼鲺的悬附器；蜕皮 6～7 次后就发育为成虫，当水温 25～30℃时，幼虫发育为成虫共需 30 天。鲺的幼虫与中华鳋、锚头鳋的幼虫不一样，从卵中孵出后就必须立即找寻宿主，在平均水温 23.3℃时，假如 48 小时内还没找到宿主便会死亡。幼鲺一般寄生在宿主的鳃、鳍部位；等吸盘形成后，才能寄生到宿主体表的其他部分。水温的高低决定着鲺的寿命，水温高时，生长就快，寿命也就短；反之，则生长慢，寿命长。当平均水温 30.2℃时，孵出的幼鲺 19 天后即可产卵；15.7℃时需要 72 天；当平均水温 29.9℃时，只能活 36 天；16.2℃时可活 135 天。

二、症状

鲺在鱼体上爬动时，由于腹面有许多倒刺，再加上口刺的刺伤、分泌毒液，大颚撕破体表，吸盘的吸力很大，因此，鱼体表形成很多伤口，造成出血及发炎，病鱼表现为极度不安，急剧狂游和跳跃，食欲差，进而造成鱼体消瘦，并且容易继发细菌感染，经常引起幼鱼大量死亡。

三、诊断

鲺的虫体比较大，用肉眼检查就能做出诊断。应该注意的是，只有少量鲺寄生，特别是对较大的鱼，一般危害不大，要进一步仔细检查其他病因。

四、预防措施

1. **饲养管理** 加强饲养管理，保持优良水质，提高鱼体抵抗力。

2. **定期药浴** 鱼种下池前用下列任一种药液进行药浴：

①每立方米水体放高锰酸钾 10～20 克，药浴 10～30 分钟。

②每立方米水体放晶体美曲磷酯（敌百虫）10 克，药浴 10～20 分钟。

3. **鲺病防治** 附近鱼池或者大水面在发生鲺病时，不要从外面引进水或者进水后要全池泼 1 次晶体美曲磷酯（敌百虫），每立方米水体放药 0.5～0.7 克。尤其是鱼种池。

4. **彻底清塘** 在捕完鱼后把塘水排干，用高压水枪冲刷池底，再将泥水排到塘外。

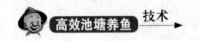

第七节 鱼怪病 >>>

鱼怪病是由鱼怪寄生引起的疾病。

一、病原

日本鱼怪，属等足类。雄鱼怪比雌鱼怪小，雄鱼怪大小为（0.6～2）厘米×（0.34～0.96）厘米，正常情况下左右对称；雌鱼怪大小为（1.4～2.95）厘米×（0.75～1.8）厘米，经常左右扭动，尤以抱卵及抱幼的个体为甚，之所以这样扭动，是因为寄生部位的关系，寄生孔在鱼体左侧，一般鱼怪在鱼体的右侧腹腔，虫体扭向左，方便腹部在孔口呼吸，并与增加虫体所占空间相关联。虫体呈卵圆形，乳酪色，表面有黑色小点分布。分为头、胸、腹三部分。头部似"凸"形，深沉于胸部，背面两侧各有 1 对由 88 只单眼组成的复眼；腹面有 1 对大颚、1 对颚足、2 对触肢、2 对小颚；口器由大颚、小颚、颚足和上唇、下唇组成。

胸部由 7 节组成，宽大而隆起，并且有 7 对形状相似的胸足，都具有执握力，因此，属等足类。

腹部共 6 节，前 5 腹节各有 1 对双肢型的腹肢，呼吸借助腹肢不断地前后摆动而进行；第六腹节又称为尾节，在两侧各有 1 对双肢型尾肢。

生活史：日本鱼怪生活在江苏、上海、浙江一带，生殖季节在 4 月中旬至 10 月底。雌鱼怪在怀卵前，母体前 5 胸节先形成抱卵片的雏形，再蜕 1 次皮，先蜕自第五胸节起的后半段，形成第五对抱卵片，然后蜕虫体前半段，形成前 4 对抱卵片，前后蜕皮相隔 1～2 天，抱卵片长在各胸足的基部。第五抱卵片在最外面，第一抱卵片最小，第四抱卵片最大，依次前后左右相盖，第一对盖在最下面。第五抱卵片的后端及前 2 对抱卵片的前端各有 1 小曲折，第一抱卵片大概在前 3/5 处曲折，此曲折刚好嵌在头胸交界处，与第二抱卵片之小曲折重叠；胸部后端之腹壁形成一凹，第五抱卵片之曲折刚好嵌入；颚足的咀嚼叶也变得肥大，与触须前端齐平或者超过前端，且在后端长出 1 叶，整个颚足变成一个很大的薄片，这些都可以保护卵及幼虫不致从孵育腔内逸出。同时抱卵片很薄，并且经常轻微张动，这还能使孵育腔内的卵或者幼虫经常翻动，获取必要的氧气。

卵从第五胸节基部的生殖孔排出至孵育腔内，在其中发育为第一期幼虫、第二期幼虫，然后，离开母体，在水中自由游泳，找寻合适的宿主寄生。一个孵育腔内的卵有成百上千个，卵发育为幼虫差不多是同步的，2～3 天就能放完孵育腔内的全部幼虫，在最后放出的幼虫活力会比较弱。母体在放完幼虫后，隔几天就再蜕一次皮，恢复产卵前的形状。

第一期幼虫的虫体为长椭圆形，左右对称，大小为（2.15～2.84）毫米×（0.80～1.05）毫米，头部分布的体表黑色素最密，第四至第七胸节处和第五至第六腹节前面次之；并且周身分布有黄

色素，卵黄还没有消失，仍在母体的孵育腔内，没有游动能力，倘若此时离开母体，比较容易死亡。虫体的分节和母体相同。头部不沉入胸部，胸部的第一节前边缘及第七节后边缘不深凹，第一胸节背面后半段正中有 1 个圆形几丁质增厚部分，腹部不被胸部覆盖。附肢比成虫少第七胸足，附肢的形状和成虫的差不多。

22～25℃时，1～2 天就可蜕皮成第二期幼虫，是在头与第一胸节交界处背面裂开蜕皮的，头部先蜕出，之后整个虫体蜕出。第二期幼虫的大小为（2.94～3.12）毫米×（1.05～1.15）毫米。虫体形状及附肢数目均和第一期幼虫相同，色素密而大，颜色明显较第一期幼虫为深；第一胸节背面的圆形几丁质增厚部分及卵黄囊均已消失；胸肢上有指及小刺；腹肢第一、第二对的内肢及每一对外肢的后缘、尾节后端及尾肢内、外肢的后缘均有 6～19 根羽状刚毛，第二期幼虫就已具有游动能力，离开母体及鱼体后就能很快游入水中，寻找宿主寄生上去。第二期幼虫对宿主没有选择性，在鱼体表各处及鳃上均可寄生，导致寄生处充血，特别是胸鳍基部最为严重。

水温 22～25℃时，第二期幼虫经 20 天左右再蜕一次皮，变成第三期幼虫，大小为（4.84～5.15）毫米×（1.76～1.87）毫米，色素大部分已消失，只剩下少部分色素颗粒，并且比较分散；此时的幼虫已有第七对胸足，具有很强的抱握力，腹肢和尾肢上的刚毛数更多，但是灵活性已经比不上第二期幼虫，对鱼有明显的选择性，一旦寄生到雅罗鱼上后就不会轻易离开，对于以后是怎样钻入鱼体，发育为成虫，至今尚不清楚。

二、症状

鱼怪成虫寄生在鱼的胸鳍基部附近围心腔后的体腔内，有 1 孔和外界相通，与鱼体内脏有 1 层薄膜（寄生囊）相隔。囊口周围都有鳞片包围，寄生囊壁的构造和鱼的皮肤相同，是由表皮、真皮组成的，寄生囊壁上的血管来源于宿主节间动脉。因此，鱼怪幼虫可能是在宿主胸鳍基部不断钻动、挤压，使宿主体壁向内延伸凹陷而形成寄生囊。有时胸鳍基部有凹陷，但没有形成囊，鱼怪便向后移，移至腹鳍基部前寄生。

一般情况下，寄生孔只有 1 个，极少数有 2 个，2 个都有寄生囊，或者仅 1 个有寄生囊。一般的鱼怪成虫成对地寄生在寄生囊内，个别的也有仅 1 只雌鱼怪或者 1 只雄鱼怪，还有少数有 3 只以上鱼怪或者 2 对鱼怪。雌鱼怪的头朝向鱼的尾部，腹面朝向鱼的内脏，这和方便呼吸与摄食有关；雄鱼怪个体小，可以在囊内自由行动，位置不固定。

只要有鱼怪成虫寄生，无论是 1 只或者几只，鱼的内脏都萎缩，特别是性腺发育受到严重影响，造成病鱼完全丧失生殖能力，在病鱼痊愈过程中，鱼的性腺会渐渐地恢复；痊愈后，生殖能力也会完全恢复。鱼苗被 1 只鱼怪幼虫寄生，鱼体就失去平衡，几分钟内便会死亡。3～4 只鱼怪幼虫寄生在小的夏花鱼种的体表和鳃上，会使鱼焦躁不安，鳃和皮肤受损、分泌大量的黏液，鳃丝肿胀、缺损，软骨外露；鳍也会被破坏，形成蛀鳍，鱼种在第二天就会死亡。感染率高的水域，在鱼怪幼虫的寄生高峰期，在库边、湖边或者河边就可以看到一片被鱼怪幼虫寄生而死亡的鱼苗和鱼种，甚至在网箱中养的较大鱼种也会大量死亡。

三、诊断

用肉眼检查就能做出诊断。要注意的是，被鱼怪幼虫寄生，会造成鱼苗、鱼种大量死亡；被鱼怪成虫寄生，主要是让鱼丧失生殖能力，基本上不会造成病鱼死亡。

四、预防措施

①鱼怪感染率高的水域附近的养殖场，在鱼怪繁殖季节，不要从外面进水。

②购进鱼种时，如发现有鱼怪幼虫寄生，应用晶体美曲磷酯（敌百虫）水溶液进行药浴。

③加强饲养管理，保持优良水质，提高鱼体抵抗力。

④彻底清塘。

第八节 狭腹鳋病 〉〉〉

狭腹鳋病是由狭腹鳋寄生引起的疾病。

一、病原

狭腹鳋属桡足类。雌性成虫营永久性寄生生活，无节幼体营自由生活，桡足幼体营暂时性寄生生活。我国常见的有 2 种：

1. **鲫狭腹鳋** 鲫狭腹鳋寄生在鲫鳃上。虫体比较短但相对较粗，体长 1.3～2.15 毫米，分为头、胸、腹三部分；腹宽约为腹长的 1/2，腹长约为全长的 1/4。头部有 1 对大颚、1 对颚足、2 对触肢、2 对小颚。胸部没有分节现象，但是两侧有凹陷，这是其原来分节的痕迹；游泳足有 5 对，双肢型。腹部比较短，比胸部狭窄很多，呈棒状而不分节，尾叉有 1 对。卵囊长度大约是虫体全长的 3/4，内有 10 多个卵排列。

虫体寄生在鳃丝上

患病的乌鳢　　　　　　中华狭腹鳋

2. 中华狭腹鳋 中华狭腹鳋寄生在月鳢和乌鳢的鳃上。体长 2.4～4.09 毫米，比鲫狭腹鳋长很多。胸部没有分节；腹部很长，一共 3 节，第三腹节的长度是前 2 腹节长度的和。卵囊和虫体等长，或者稍短，卵排成单行。

二、症状

此病初期没有明显症状，严重的时候鳃上黏液增多，鳃组织受损，病鱼因呼吸困难而死。

三、诊断及预防措施

均同中华鳋病。

第九节 钩介幼虫病 >>>

钩介幼虫病是由蚌的幼虫——钩介幼虫寄生引起的鱼病。

一、病原

钩介幼虫是软体动物双壳类蚌的幼虫。虫体略呈杏仁形，有 2 片几丁质壳，每瓣壳片的腹缘中央有个鸟啄状的钩，钩上排列着很多小齿，在背的边缘有韧带相连。从侧面可以看到 4 对刚毛和闭壳肌。在闭壳肌中间有 1 根又细又长的足丝。

蚌的受精和发育都是在母蚌的鳃腔中进行的，受精卵经过囊胚期、原肠期，最后变成钩介幼虫。通常在春季和夏季，长江流域一带，受精卵发育为钩介幼虫之后离开母蚌漂悬在水中，一旦与鱼体接触，则在鱼体上寄生。水温的高低和钩介幼虫在鱼体上寄生的时间长短密切相关，如在水温 18～19℃时，三角帆蚌幼虫在鱼体上可以寄生 16～18 天。无齿蚌在水温 16～18℃时，幼虫在鱼体上寄生 21 天；水温 8～10℃时，则能寄生 80 天。在寄生期间，这些幼虫在鱼体上吸取营养，进行变态，发育成幼蚌，再破胞囊而沉入水中，营底栖生活。

二、症状

钩介幼虫是用足丝黏附在鱼体上，用壳钩钩在鱼的嘴、鳃、鳍和皮肤上，鱼体受到刺激，会使周围组织发炎、增生，渐渐地将幼虫包在里面，形成胞囊。在较大的鱼体鳃丝或者鳍条上寄生几十个钩介幼虫，一般影响不大；但对于饲养 5~6 天的鱼苗，或者全长在 3 厘米以下的夏花，就会产生很大的影响，尤其是寄生在嘴角、口唇或者口腔内，能使鱼苗或者夏花丧失摄食能力而饿死；寄生在鳃上，由于妨碍呼吸，会造成窒息而死，并往往在病鱼头部出现红头白嘴现象，所以，群众称这种寄生现象为"红头白嘴病"。

三、诊断

①根据症状及流行情况进行初步诊断。

②用显微镜进行检查就能确诊。诊断的时候应该注意，如果鱼体上只有少量钩介幼虫寄生或者鱼体较大，不会引起病鱼大量死亡，需要进一步仔细检查，找出真正主要的病因。

四、预防措施

①对鱼池进行清淤、消毒。

②鱼苗和夏花培育池内绝对不能混养蚌，进水需要过滤，特别是在进行河蚌育珠的单位及其附近，以及蚌繁殖的季节，以免钩介幼虫随水进入鱼池。